計算工学シリーズ
5

ボット・ダフィン逆行列とその応用

工学博士 半谷 裕彦
博士(工学) 佐藤 健 共著
工学博士 青木 孝義

コロナ社

まえがき

本書は，東京大学名誉教授の半谷裕彦先生（故人）が主査をされていた日本計算工学会第1研究分科会「形態非線形問題の調査・研究」における産学協同の研究成果の一つ（ボット・ダフィン逆行列の応用）をとりまとめ，本シリーズの5巻として執筆したものである。

ボット・ダフィン逆行列は，米国の電気回路網理論の分野でR. Bott and R. J. Duffin（1953）により発表された付帯条件付き連立方程式の一つの解法である。その論文は，R. Bottが1949年にカーネギー工科大学へ提出した学位論文の一部となっている。その後，Maciej Domaszewski and Adam Borkowski（1984）がBott and Duffinによる解析理論を構造解析に応用し，ボット・ダフィン逆行列と名づけ，現在に至っている。ボット・ダフィン逆行列は，極めて興味深い性質を有しており，今後，構造工学や制御工学の分野における応用が期待される。本書がその一助となれば幸いである。

わが国では，半谷裕彦先生が建築構造解析の分野で最初にボット・ダフィン逆行列を紹介している。形態解析技術が構造物の設計行為（構造物の創生）において，有用なツールとなる可能性を秘めているとして，与えられた荷重条件のもとで，指定した変位，あるいは変位モードが得られる形態決定問題の一つの解法として，ボット・ダフィン逆行列を用いた解析理論とその応用例を示してきた。

本書は，大きく分けて三つの部分で構成されている。前半の1章から5章までは，線形代数の基礎，一般逆行列の定義，定義から導かれるいろいろな性質，連立一次方程式の解の存在条件，解の個数，線形空間と射影などを系統だてて，わかりやすく解説したものであり，半谷裕彦先生の研究会でのノートなどに基づいて著者の一人である佐藤が整理したものである。5章は，これまでの国内におけるボット・ダフィン逆行列の応用例を概観している。

次に，6章から9章までは，耐震工学，および振動制御問題への応用について，佐藤の最近の論文を主体としてまとめたものであり，佐藤が執筆を担当している。

最後に，10章と11章は，動的および静的接触問題への応用に関する半谷裕彦先生らの研究成果を著者が整理，補足している。特に，11章は，著者の一人である青木孝義先生の組積造構造物への応用例を含んだものとなっている。

なお，本書をまとめるにあたり，本シリーズのコーディネータである東京大学の川口健一先生をはじめ，日本計算工学会第1研究分科会を通して，貴重なご助言を頂いた法政大学の吉田長行先生，名古屋大学の大森博司先生，そして研究会委員の関係各位に厚く謝意を表したい。また，動的問題への応用については，職業能力開発総合大学校の金井頼利先生，接触問題については，竹中工務店の小川知一氏，耐震問題と振動制御問題への応用については，東北大学名誉教授の柴田明徳先生，宮城工業高等専門学校の渋谷純一先生，東北大学災害制御研究センターの源栄正人先生より，種々のご助言を賜った。ここに記して深く感謝申し上げたい。

終わりに，本書の出版にあたってお世話頂いたコロナ社に心から御礼申し上げる。

2003年8月

佐藤　健

目　　　次

1. ベクトルとマトリクス

2. 一般逆行列と連立1次方程式

3. 線型空間と射影

4. ボット・ダフィン逆行列

5.　ボット・ダフィン逆行列による変位制約を伴う構造解析

6.　地震応答制御問題への応用

7. 固有モード形状を制約条件とした地震応答制御特性

8. 損傷制御問題への応用

9. ハイブリッド制御への応用

10. 接触振動問題への応用

11. 静的接触問題への応用

1 ベクトルとマトリクス

1.1 ベクトルとマトリクス

本書においては，特にことわらない限り，マトリクスを大文字の太字 $\boldsymbol{A}$，$\boldsymbol{B}$，…で，列ベクトルを小文字の太字 $\boldsymbol{a}$，$\boldsymbol{b}$，…で表すこととする。マトリクスを構成する成分を a_{ij} とするとき

$$\boldsymbol{A} = [a_{ij}]\ , \qquad 1 \leqq i \leqq m\ , \qquad 1 \leqq j \leqq n \tag{1.1}$$

行の数が m，列の数が n であるマトリクスを (m, n) 型マトリクスと呼ぶ。$m = n$ であるマトリクスを**正方マトリクス**（square matrix）といい，n を次数という。$m \neq n$ のとき，正方マトリクスに対応して，**長方マトリクス**（rectangular matrix）と呼ぶ。

成分 a_{ij} を持つ n 次正方マトリクスを $\boldsymbol{A}$ とする。成分 a_{ii} を**対角成分**（diagonal element），$a_{ij}(i \neq j)$ を**非対角成分**（off-diagonal element）という。非対角成分がすべて 0 であるマトリクスを**対角マトリクス**（diagonal matrix）と呼び，$\mathrm{diag}(\boldsymbol{A})$ で表す。つまり

$$\mathrm{diag}(\boldsymbol{A}) = \begin{bmatrix} a_{11} & & & \boldsymbol{O} \\ & a_{22} & & \\ & & \ddots & \\ \boldsymbol{O} & & & a_{nn} \end{bmatrix} \tag{1.2}$$

対角成分がすべて 1 である対角マトリクスを**単位マトリクス**（unit

matrix）と呼び，$\boldsymbol{I}$ で表す。つまり

$$\boldsymbol{I}=\begin{bmatrix} 1 & & & \boldsymbol{O} \\ & 1 & & \\ & & \ddots & \\ \boldsymbol{O} & & & 1 \end{bmatrix} \tag{1.3}$$

単位マトリクスの次元 n を強調するとき，下添字 n を用いて，$\boldsymbol{I}_n$ で表す。成分 a_{ij} がすべて 0 のマトリクスを**零マトリクス**（zero matrix）と呼び，$\boldsymbol{O}$ で表す。

$\boldsymbol{A}$ の転置マトリクスを $\boldsymbol{A}^T$ で表す。$\boldsymbol{A}^T=\boldsymbol{A}$ であるマトリクスを**対称マトリクス**（symmetric matrix），$\boldsymbol{A}^T=-\boldsymbol{A}$ であるマトリクスを**交代マトリクス**（alternating matrix）という。$\boldsymbol{A}=[a_{ij}]$ において，$i>j$ のとき，$a_{ij}=0$，または，$i<j$ のとき，$a_{ij}=0$ であれば $\boldsymbol{A}$ を**三角マトリクス**（triangular matrix）という。前者を**上三角マトリクス**（upper triangular matrix），後者を**下三角マトリクス**（lower triangular matrix）と呼ぶ。

n 次マトリクス $\boldsymbol{A}=[a_{ij}]$ の**行列式**（determinant）を $|\boldsymbol{A}|$，$|a_{ij}|$，または，$\det(\boldsymbol{A})$ で表す。$|\boldsymbol{A}|\neq 0$ のとき，次式を満足するマトリクス $\boldsymbol{A}^{-1}$ を $\boldsymbol{A}$ の**逆行列**（inverse matrix）という。

$$\boldsymbol{A}\boldsymbol{A}^{-1}=\boldsymbol{I}\,,\qquad \boldsymbol{A}^{-1}\boldsymbol{A}=\boldsymbol{I} \tag{1.4}$$

列ベクトル $\boldsymbol{a}$ の成分を a_i とするとき

$$\boldsymbol{a}=[a_i]\,,\qquad 1\leqq i\leqq n \tag{1.5}$$

成分の数が n である列ベクトルを n 次列ベクトルという。以後，特にことわらない限り列ベクトルを単にベクトルという。

ベクトル $\boldsymbol{a}=[a_i]$，$\boldsymbol{b}=[b_i]$ のスカラー積を次式で定義する。

$$\boldsymbol{a}\cdot\boldsymbol{b}=\sum_{i=1}^{n}a_ib_i \tag{1.6}$$

二つのベクトルが次式を満足するとき，$\boldsymbol{a}$ と $\boldsymbol{b}$ は直交するという。

$$\boldsymbol{a}\cdot\boldsymbol{b}=0 \tag{1.7}$$

ベクトル $\boldsymbol{a}$ の大きさを $|\boldsymbol{a}|$ で表す。$|\boldsymbol{a}|$ は次式で与えられる。

$$|\boldsymbol{a}| = \sqrt{\boldsymbol{a}\cdot\boldsymbol{a}} \tag{1.8}$$

大きさ1のベクトルを**単位ベクトル**（unit vector）という。本書においては，列ベクトルを小文字の太字で表すが，単位ベクトルのみ大文字の太字 $\boldsymbol{V}$ で表す。ベクトル $\boldsymbol{a}$ を単位ベクトル $\boldsymbol{V}$ に変えることを正規化するという。つまり

$$\boldsymbol{V} = \frac{\boldsymbol{a}}{|\boldsymbol{a}|} \tag{1.9}$$

たがいに直交する単位ベクトルの組を**正規直交系**（orthonormal system）という。つまり，n 個の単位ベクトル $\boldsymbol{V}_1$，$\boldsymbol{V}_2$，…，$\boldsymbol{V}_n$ に対して

$$\boldsymbol{V}_i\cdot\boldsymbol{V}_j = \delta_{ij} = \begin{cases} 1 & : \quad i = j \text{のとき} \\ 0 & : \quad i \neq j \text{のとき} \end{cases} \tag{1.10}$$

上式の δ_{ij} を**クロネッカーの $\boldsymbol{\delta}$ 記号**（Kronecker delta）という。

1.2 ラ　ン　ク

m 個の成分からなる n 個のベクトル $\boldsymbol{a}_i (i = 1, 2, \cdots, n)$ を考える。つまり

$$\boldsymbol{a}_i = \begin{bmatrix} a_{1i} \\ a_{2i} \\ \vdots \\ a_{mi} \end{bmatrix} \tag{1.11}$$

n 個のベクトルに対し，係数 c_1，c_2，…，c_n を用いて**1次結合**（linear combination）を作る。つまり

$$c_1\boldsymbol{a}_1 + c_2\boldsymbol{a}_2 + \cdots + c_n\boldsymbol{a}_n = \boldsymbol{0} \tag{1.12}$$

すべてが0でない n 個の係数 c_1，c_2，…，c_n が存在して式(1.12)が成り立つとき $\boldsymbol{a}_1$，$\boldsymbol{a}_2$，…，$\boldsymbol{a}_n$ は**1次従属**（linearly dependent）であるという。1次従属でないときは，**1次独立**（linearly independent）であるという。1次独立のときには次式が成り立つ。

$$c_1 = c_2 = \cdots = c_n = 0 \tag{1.13}$$

式(1.12)をマトリクス表示すると

$$\begin{bmatrix} a_{11} & a_{12} & \cdots & a_{1n} \\ a_{21} & a_{22} & \cdots & a_{2n} \\ \vdots & \vdots & & \vdots \\ a_{m1} & a_{m2} & \cdots & a_{mn} \end{bmatrix} \begin{bmatrix} c_1 \\ c_2 \\ \vdots \\ c_n \end{bmatrix} = \begin{bmatrix} 0 \\ 0 \\ \vdots \\ 0 \end{bmatrix} \tag{1.14}$$

まとめて

$$\boldsymbol{A}\boldsymbol{c} = \boldsymbol{0} \tag{1.15}$$

上式はベクトル $\boldsymbol{c}$ についての1次同次方程式である。この方程式が自明でない解，すなわち，$\boldsymbol{c} = \boldsymbol{0}$ でない解を持つときに限り，$\boldsymbol{a}_1$，$\boldsymbol{a}_2$，…，$\boldsymbol{a}_n$ は1次従属である。

1次従属の場合には，係数 c_1，c_2，…，c_n のうち少なくとも1個は0ではない。それを c_k とすると

$$\boldsymbol{a}_k = -\frac{c_1}{c_k}\boldsymbol{a}_1 - \cdots - \frac{c_{k-1}}{c_k}\boldsymbol{a}_{k-1} - \frac{c_{k+1}}{c_k}\boldsymbol{a}_{k+1} - \cdots - \frac{c_n}{c_k}\boldsymbol{a}_n \tag{1.16}$$

と表すことができる。

式(1.15)の $\boldsymbol{A}$ が正方マトリクス，つまり $m = n$ の場合を考えてみる。$|\boldsymbol{A}| \neq 0$ のとき，$\boldsymbol{c} = \boldsymbol{0}$ の解が得られることから

1次独立 $\Leftrightarrow |\boldsymbol{A}| \neq 0$　：　**正則マトリクス**（regular matrix）

1次従属 $\Leftrightarrow |\boldsymbol{A}| = 0$　：　**特異マトリクス**（singular matrix）

の関係が得られる。

n 個のベクトル $\boldsymbol{a}_i$ において1次独立なベクトルの最大個数を r とするとき，$\boldsymbol{a}_i$ から成るマトリクス $\boldsymbol{A}$ の**ランク**（階数，rank）は r となる。つまり

$$\mathrm{rank}(\boldsymbol{A}) = r \tag{1.17}$$

r は m，n のうちの小さい値を超えないから

$$r \leqq \min(m, n) \tag{1.18}$$

マトリクスのランクについては以下に述べる性質がある。

（i）　マトリクスのランクは次の変形を行っても変わらない。

①　二つの列を入れ換えること

② 一つの列に 0 でない定数 k を掛けること

③ 一つの列に定数 k を掛け，他の列に加えること

これらの性質は行についても成立する。

(ii) マトリクスの和 $\boldsymbol{A}+\boldsymbol{B}$ のランクは $\boldsymbol{A}$ と $\boldsymbol{B}$ のランクの和を超えない。すなわち

$$\mathrm{rank}(\boldsymbol{A}+\boldsymbol{B}) \leqq \mathrm{rank}(\boldsymbol{A}) + \mathrm{rank}(\boldsymbol{B}) \tag{1.19}$$

(iii) マトリクスの積 $\boldsymbol{AB}$ のランクは $\boldsymbol{A}$ あるいは $\boldsymbol{B}$ のランクを超えない。すなわち

$$\mathrm{rank}(\boldsymbol{AB}) \leqq \mathrm{rank}(\boldsymbol{A}) \tag{1.20}$$

$$\mathrm{rank}(\boldsymbol{AB}) \leqq \mathrm{rank}(\boldsymbol{B}) \tag{1.21}$$

(iv) $\boldsymbol{A}$ を (m,n) 型マトリクスとし，$\boldsymbol{B}$ を正則な n 次正方マトリクスとする。このとき $\boldsymbol{AB}$ のランクは $\boldsymbol{A}$ のランクと等しい。すなわち

$$\mathrm{rank}(\boldsymbol{AB}) = \mathrm{rank}(\boldsymbol{A}) \tag{1.22}$$

(v) (m,r) 型マトリクス $\boldsymbol{A}$ と (r,n) 型マトリクス $\boldsymbol{B}$ がある。$\mathrm{rank}(\boldsymbol{A}) = r$，$\mathrm{rank}(\boldsymbol{B}) = r$ のとき，積 $\boldsymbol{C}=\boldsymbol{AB}$ のランクは r である。すなわち

$$\mathrm{rank}(\boldsymbol{C}) = \mathrm{rank}(\boldsymbol{AB}) = r \tag{1.23}$$

(vi) 逆に，ランク r の (m,n) 型マトリクス $\boldsymbol{C}$ は，ランク r の 2 個のマトリクスである (m,r) 型マトリクス $\boldsymbol{A}$ と (r,n) 型マトリクス $\boldsymbol{B}$ の積で表すことができる。つまり

$$\boldsymbol{C} = \boldsymbol{AB}\ , \qquad \mathrm{rank}(\boldsymbol{A}) = \mathrm{rank}(\boldsymbol{B}) = r \tag{1.24}$$

上式の作成法を 1.3 節で述べる。

1.3 基 本 変 形

マトリクスの**基本変形**（elementary transformation）は，**基本操作**（elementary operation）や基本行列演算とも呼ばれる。

列に関する基本変形とは，次の三つの変形をいう。

①　二つの列を入れ換える。

②　一つの列に零でない定数 k を掛ける。

③　一つの列に定数 k を掛け，他の列に加える。

同様に，行に関する基本変形とは，次の三つの変形をいう。

①　二つの行を入れ換える。

②　一つの行に零でない定数 k を掛ける。

③　一つの行に定数 k を掛け，他の行に加える。

①，②，③ に対応する変換マトリクスを $\boldsymbol{E}_1$，$\boldsymbol{E}_2$，$\boldsymbol{E}_3$ で表し，これらを**基本マトリクス**（elementary matrix）と呼ぶ。基本マトリクスを用いて基本変形を行うとき

・列に関する基本変形の場合は右から掛ける。

・行に関する基本変形の場合は左から掛ける。

ここで，①，②，③ に対応する基本マトリクスを作成する。それは，単位マトリクス $\boldsymbol{I}$ を変形することにより，次のようになる。

$$\boldsymbol{I}=\begin{bmatrix} 1 & \overset{i}{} & & \overset{j}{} & \boldsymbol{O} \\ & \langle 1\rangle & & & \\ & & \ddots & & \\ & & & \langle 1\rangle & \\ \boldsymbol{O} & & & & 1 \end{bmatrix} \overset{i\leftrightarrow j}{\Longrightarrow} \boldsymbol{E}_1=\begin{bmatrix} 1 & \overset{i}{} & & \overset{j}{} & \\ & 0 & & 1 & \\ & & \ddots & & \\ & 1 & & 0 & \\ & & & & 1 \end{bmatrix} \tag{1.25}$$

$$\boldsymbol{I}=\begin{bmatrix} 1 & & & & \boldsymbol{O} \\ & \ddots & & & \\ & & \langle 1\rangle & & \\ & & & \ddots & \\ \boldsymbol{O} & & & & 1 \end{bmatrix} \overset{\times\, k}{\Longrightarrow} \boldsymbol{E}_2=\begin{bmatrix} 1 & & & & \boldsymbol{O} \\ & \ddots & & & \\ & & k & & \\ & & & \ddots & \\ \boldsymbol{O} & & & & 1 \end{bmatrix} \tag{1.26}$$

$\boldsymbol{E}_3$ については，列と行の場合で異なる。

・列の場合（i 列に k を掛けて j 列に加える）

$$
I = \begin{bmatrix} 1 & & & & O \\ & \langle 1 \rangle & & & \\ & & \ddots & & \\ & & & \langle 1 \rangle & \\ O & & & & 1 \end{bmatrix} \overset{i \quad j}{} \implies E_3 = \begin{bmatrix} 1 & & & & & \\ & \langle 1 \rangle & \cdots & k & & \\ & & \ddots & \vdots & & \\ & & & \langle 1 \rangle & & \\ & & & & & 1 \end{bmatrix} \overset{i \quad\quad j}{}
$$

(1.27)

・行の場合（i 行に k を掛けて j 行に加える）

$$
I = \begin{bmatrix} 1 & & & & O \\ & \langle 1 \rangle & & & \\ & & \ddots & & \\ & & & \langle 1 \rangle & \\ O & & & & 1 \end{bmatrix} \overset{i \quad j}{} \implies E_3 = \begin{bmatrix} 1 & & & & \\ & \langle 1 \rangle & & & \\ & \vdots & \ddots & & \\ & k & \cdots & \langle 1 \rangle & \\ & & & & 1 \end{bmatrix} \overset{i \quad\quad j}{}
$$

(1.28)

◀ **例 1.1** ▶

マトリクス $A = \begin{bmatrix} 2 & 1 & 1 \\ 1 & 1 & 0 \end{bmatrix}$ に順次，次の基本変形を施してみる。

（1） 1列から2列を引く： $E^{(1)}$

$$\begin{bmatrix} 2 & 1 & 1 \\ 1 & 1 & 0 \end{bmatrix} \begin{bmatrix} 1 & 0 & 0 \\ -1 & 1 & 0 \\ 0 & 0 & 1 \end{bmatrix} = \begin{bmatrix} 1 & 1 & 1 \\ 0 & 1 & 0 \end{bmatrix}$$

（2） 2列から3列を引く： $E^{(2)}$

$$\begin{bmatrix} 1 & 1 & 1 \\ 0 & 1 & 0 \end{bmatrix} \begin{bmatrix} 1 & 0 & 0 \\ 0 & 1 & 0 \\ 0 & -1 & 1 \end{bmatrix} = \begin{bmatrix} 1 & 0 & 1 \\ 0 & 1 & 0 \end{bmatrix}$$

（3） 3列から1列を引く： $E^{(3)}$

$$\begin{bmatrix}1&0&1\\0&1&0\end{bmatrix}\begin{bmatrix}1&0&-1\\0&1&0\\0&0&1\end{bmatrix}=\begin{bmatrix}1&0&0\\0&1&0\end{bmatrix}$$

$\boldsymbol{E}^{(1)}\boldsymbol{E}^{(2)}\boldsymbol{E}^{(3)}=\boldsymbol{Q}$ を計算すると

$$\boldsymbol{Q}=\begin{bmatrix}1&0&-1\\-1&1&1\\0&-1&1\end{bmatrix}\tag{1.29}$$

基本変形については以下に述べる性質がある。

（i）　マトリクスのランクは基本変形によって変わらない（1.2 節の（i）に対応）。

（ii）　基本マトリクスは**非特異**（nonsingular）である。つまり

$$|\boldsymbol{E}_1|\neq 0\ ,\qquad |\boldsymbol{E}_2|\neq 0\ ,\qquad |\boldsymbol{E}_3|\neq 0\tag{1.30}$$

（iii）　ランク r の (m,n) 型マトリクス $\boldsymbol{A}$ は，適当な正則マトリクス $\boldsymbol{P}$, $\boldsymbol{Q}$ によって，次式の形に変形できる。

$$m=n=r\quad :\quad \boldsymbol{PAQ}=\boldsymbol{I}_r\tag{1.31}$$

$$m=r<n\quad :\quad \boldsymbol{PAQ}=[\boldsymbol{I}_r\quad \boldsymbol{O}]\tag{1.32}$$

$$m>r=n\quad :\quad \boldsymbol{PAQ}=\begin{bmatrix}\boldsymbol{I}_r\\\boldsymbol{O}\end{bmatrix}\tag{1.33}$$

$$m>r,\qquad n>r\quad :\quad \boldsymbol{PAQ}=\begin{bmatrix}\boldsymbol{I}_r&\boldsymbol{O}\\\boldsymbol{O}&\boldsymbol{O}\end{bmatrix}\tag{1.34}$$

式(1.34)で与えられる形を $\boldsymbol{A}$ の**標準形**（normal form）という。

（iv）　ランク r の (m,n) 型マトリクス $\boldsymbol{A}$ は，(m,r) 型マトリクス $\boldsymbol{B}$, (r,n) 型マトリクス $\boldsymbol{C}$ の積に分割できる。

(iv)について，$m>r$，$n>r$ の場合を考える。式(1.34)より

$$\boldsymbol{PAQ}=\begin{bmatrix}\boldsymbol{I}_r&\boldsymbol{O}\\\boldsymbol{O}&\boldsymbol{O}\end{bmatrix}\tag{1.35}$$

上式より

$$\boldsymbol{A} = \boldsymbol{P}^{-1}\begin{bmatrix} \boldsymbol{I}_r & \boldsymbol{O} \\ \boldsymbol{O} & \boldsymbol{O} \end{bmatrix}\boldsymbol{Q}^{-1} \tag{1.36}$$

ここで，$\boldsymbol{P}^{-1}$ の列ベクトル表示と $\boldsymbol{Q}^{-1}$ の行ベクトル表示を次式で表す。つまり

$$\boldsymbol{P}^{-1} = [\boldsymbol{p}_1 \ \cdots \ \boldsymbol{p}_r \ \cdots \ \boldsymbol{p}_m] \tag{1.37}$$

$$\boldsymbol{Q}^{-1} = \begin{bmatrix} \boldsymbol{q}^1 \\ \vdots \\ \boldsymbol{q}^r \\ \vdots \\ \boldsymbol{q}^n \end{bmatrix} \tag{1.38}$$

式(1.37)，(1.38)を式(1.36)に代入すると

$$\boldsymbol{A} = [\boldsymbol{p}_1 \ \cdots \ \boldsymbol{p}_r \ \ \boldsymbol{O}]\begin{bmatrix} \boldsymbol{q}^1 \\ \vdots \\ \boldsymbol{q}^r \\ \boldsymbol{O} \end{bmatrix} = \boldsymbol{BC} \tag{1.39}$$

ここに，$\boldsymbol{B}$ は (m, r) 型マトリクス，$\boldsymbol{C}$ は (r, n) 型マトリクスであり

$$\boldsymbol{B} = [\boldsymbol{p}_1 \ \cdots \ \boldsymbol{p}_r], \qquad \boldsymbol{C} = \begin{bmatrix} \boldsymbol{q}^1 \\ \vdots \\ \boldsymbol{q}^r \end{bmatrix} \tag{1.40}$$

◀ 例 1.2 ▶

マトリクス $\boldsymbol{A} = \begin{bmatrix} 2 & 1 & 1 \\ 1 & 1 & 0 \end{bmatrix}$ を $\boldsymbol{A} = \boldsymbol{BC}$ に分割してみる。

▶ 解　例 1.1 の結果を用いると

$$\boldsymbol{P} = \begin{bmatrix} 1 & 0 \\ 0 & 1 \end{bmatrix}, \qquad \boldsymbol{Q} = \begin{bmatrix} 1 & 0 & -1 \\ -1 & 1 & 1 \\ 0 & -1 & 1 \end{bmatrix} \tag{1.41}$$

上式の逆マトリクスを求めると

$$\boldsymbol{P}^{-1} = \begin{bmatrix} 1 & 0 \\ 0 & 1 \end{bmatrix}, \qquad \boldsymbol{Q}^{-1} = \begin{bmatrix} 2 & 1 & 1 \\ 1 & 1 & 0 \\ 1 & 1 & 1 \end{bmatrix} \tag{1.42}$$

$\mathrm{rank}(\boldsymbol{A}) = 2$ であるから

$$\boldsymbol{B} = \begin{bmatrix} 1 & 0 \\ 0 & 1 \end{bmatrix}, \qquad \boldsymbol{C} = \begin{bmatrix} 2 & 1 & 1 \\ 1 & 1 & 0 \end{bmatrix} \tag{1.43}$$

2 一般逆行列と連立1次方程式

2.1 一般逆行列

$\boldsymbol{A}$ を (m, n) 型長方マトリクスとする。次の4条件をすべて満足するマトリクス $\boldsymbol{A}^+$ を**ムーア・ペンローズ一般逆行列** (Moore-Penrose generalized inverse matrix) と定義する。以下，**一般逆行列** (generalized inverse matrix) と略記する。

$$(\boldsymbol{A}\boldsymbol{A}^+)^T = \boldsymbol{A}\boldsymbol{A}^+ \tag{2.1}$$

$$(\boldsymbol{A}^+\boldsymbol{A})^T = \boldsymbol{A}^+\boldsymbol{A} \tag{2.2}$$

$$\boldsymbol{A}\boldsymbol{A}^+\boldsymbol{A} = \boldsymbol{A} \tag{2.3}$$

$$\boldsymbol{A}^+\boldsymbol{A}\boldsymbol{A}^+ = \boldsymbol{A}^+ \tag{2.4}$$

$\boldsymbol{A}$ のランクを r とすると，式(1.39)より $\boldsymbol{A}$ は次式のように分解できる。

$$\boldsymbol{A} = \boldsymbol{B}\boldsymbol{C} \tag{2.5}$$

ここに

$$\mathrm{rank}(\boldsymbol{B}) = r \ , \qquad \mathrm{rank}(\boldsymbol{C}) = r \tag{2.6}$$

ここで，$\boldsymbol{B}^T\boldsymbol{B}$，$\boldsymbol{C}\boldsymbol{C}^T$ を作ると r 次正方マトリクスとなり，かつ次式を満足する。

$$\mathrm{rank}(\boldsymbol{B}^T\boldsymbol{B}) = r \ , \qquad \mathrm{rank}(\boldsymbol{C}\boldsymbol{C}^T) = r \tag{2.7}$$

上式より，$|\boldsymbol{B}^T\boldsymbol{B}| \neq 0$，$|\boldsymbol{C}\boldsymbol{C}^T| \neq 0$ であり，$(\boldsymbol{B}^T\boldsymbol{B})^{-1}$，$(\boldsymbol{C}\boldsymbol{C}^T)^{-1}$ は存在する。そこで

$$\boldsymbol{A}^+ = \boldsymbol{C}^T(\boldsymbol{C}\boldsymbol{C}^T)^{-1}(\boldsymbol{B}^T\boldsymbol{B})^{-1}\boldsymbol{B}^T \tag{2.8}$$

とおくと，この A^+ は式(2.1)〜(2.4)のすべてを満足する。よって，式(2.8)の A^+ は一般逆行列であることがわかる。

◀ **例 2.1** ▶

マトリクス $\boldsymbol{A}=\begin{bmatrix}2 & 1 & 1\\ 1 & 1 & 0\end{bmatrix}$ の一般逆行列を求めてみる。

▶ **解**　式(1.43)より

$$\boldsymbol{B}=\begin{bmatrix}1 & 0\\ 0 & 1\end{bmatrix},\qquad \boldsymbol{C}=\begin{bmatrix}2 & 1 & 1\\ 1 & 1 & 0\end{bmatrix}$$

上式を式(2.8)に代入すると

$$\boldsymbol{A}^+=\frac{1}{3}\begin{bmatrix}1 & 0\\ -1 & 3\\ 2 & -3\end{bmatrix} \tag{2.9}$$

$\boldsymbol{A}$ を (m,n) 型マトリクスとするとき次の関係が成り立つ。

（i）　$\mathrm{rank}(\boldsymbol{A})=m$ のとき

$$\boldsymbol{A}^+=\boldsymbol{A}^T(\boldsymbol{A}\boldsymbol{A}^T)^{-1},\ \ \boldsymbol{A}\boldsymbol{A}^+=\boldsymbol{I}_m \tag{2.10}$$

（ii）　$\mathrm{rank}(\boldsymbol{A})=n$ のとき

$$\boldsymbol{A}^+=(\boldsymbol{A}^T\boldsymbol{A})^{-1}\boldsymbol{A}^T,\ \ \boldsymbol{A}^+\boldsymbol{A}=\boldsymbol{I}_n \tag{2.11}$$

2.2　連立1次方程式

n 個の未知量 $x_i(i=1,2,\cdots,n)$ からなる m 個の連立方程式

$$\begin{bmatrix}a_{11} & a_{12} & \cdots & a_{1n}\\ a_{21} & a_{22} & \cdots & a_{2n}\\ \vdots & \vdots & & \vdots\\ a_{m1} & a_{m2} & \cdots & a_{mn}\end{bmatrix}\begin{bmatrix}x_1\\ x_2\\ \vdots\\ x_n\end{bmatrix}=\begin{bmatrix}b_1\\ b_2\\ \vdots\\ b_m\end{bmatrix} \tag{2.12}$$

を考える。これは，マトリクス記号を用いて

$$\boldsymbol{A}\boldsymbol{x}=\boldsymbol{b} \tag{2.13}$$

と表せる。

（i） **解の存在条件**（existence condition of solutions）　式(2.13)の解が存在するための必要十分条件は

$$\boldsymbol{A}\boldsymbol{A}^{+}\boldsymbol{b} = \boldsymbol{b} \tag{2.14}$$

である。上式を次式で表すことも多い。

$$(\boldsymbol{I}_m - \boldsymbol{A}\boldsymbol{A}^{+})\boldsymbol{b} = \boldsymbol{0} \tag{2.15}$$

（ii） **解と個数**　式(2.14)が満足されるとき，式(2.13)は次式の形の解を持つ。

$$\boldsymbol{x} = \boldsymbol{A}^{+}\boldsymbol{b} + (\boldsymbol{I}_n - \boldsymbol{A}^{+}\boldsymbol{A})\boldsymbol{\alpha} \tag{2.16}$$

ここに，$\boldsymbol{\alpha}$ は任意のベクトルである。$(\boldsymbol{I}_n - \boldsymbol{A}^{+}\boldsymbol{A})$ を列ベクトルで表すと

$$[\boldsymbol{I}_n - \boldsymbol{A}^{+}\boldsymbol{A}] = [\boldsymbol{h}_1\ \boldsymbol{h}_2\ \cdots\ \boldsymbol{h}_n] \tag{2.17}$$

$\mathrm{rank}(\boldsymbol{A}) = r$ とすると，$\mathrm{rank}(\boldsymbol{I}_n - \boldsymbol{A}^{+}\boldsymbol{A}) = n - r = p$ となるので，式(2.17)は p 個の独立な列ベクトルを持っている。それを $\boldsymbol{h}_1$，$\boldsymbol{h}_2$，…，$\boldsymbol{h}_p$ とすると，式(2.16)は次式の解の形となる。

$$\boldsymbol{x} = \boldsymbol{A}^{+}\boldsymbol{b} + \alpha_1\boldsymbol{h}_1 + \alpha_2\boldsymbol{h}_2 + \cdots + \alpha_p\boldsymbol{h}_p \tag{2.18}$$

上式より解の個数は $p + 1 = n - r + 1$ となる。

◀ 例 2.2 ▶

次の連立方程式が解を持つか調べ，解を持つ場合は解を求めてみる。

$$\begin{bmatrix} 2 & 1 & 1 \\ 1 & 1 & 0 \end{bmatrix}\begin{bmatrix} x_1 \\ x_2 \\ x_3 \end{bmatrix} = \begin{bmatrix} 3 \\ 2 \end{bmatrix} \tag{2.19}$$

▶ **解**　式(2.19)の係数マトリクスの逆行列は，式(2.9)より

$$\boldsymbol{A}^{+} = \frac{1}{3}\begin{bmatrix} 1 & 0 \\ -1 & 3 \\ 2 & -3 \end{bmatrix} \tag{2.20}$$

である。式(2.15)を作ると

$$(\boldsymbol{I}_m - \boldsymbol{A}\boldsymbol{A}^+)\boldsymbol{b} = \begin{bmatrix} 0 & 0 \\ 0 & 0 \end{bmatrix}\begin{bmatrix} 3 \\ 2 \end{bmatrix} = \begin{bmatrix} 0 \\ 0 \end{bmatrix} \tag{2.21}$$

となり，式(2.15)の解の存在条件を満足するので解を持つことになる。
式(2.16)により解を求めると

$$\begin{bmatrix} x_1 \\ x_2 \\ x_3 \end{bmatrix} = \begin{bmatrix} 1 \\ 1 \\ 0 \end{bmatrix} + \frac{1}{3}\begin{bmatrix} 1 & -1 & -1 \\ -1 & 1 & 1 \\ -1 & 1 & 1 \end{bmatrix}\begin{bmatrix} \alpha_1 \\ \alpha_2 \\ \alpha_3 \end{bmatrix} \tag{2.22}$$

となる。

3 線形空間と射影

3.1 線　形　空　間

ベクトル $\boldsymbol{a}$，$\boldsymbol{b}$，$\boldsymbol{c}$，… を元とする集合を E とする。また，スカラー α，β，… を元とする係数体を K とする。このとき，集合 E において，次の 8 項をすべて満足する場合 E を**線形空間**（linear space）という。

① $\boldsymbol{a}+\boldsymbol{b}=\boldsymbol{b}+\boldsymbol{a}$

② $(\boldsymbol{a}+\boldsymbol{b})+\boldsymbol{c}=\boldsymbol{a}+(\boldsymbol{b}+\boldsymbol{c})$

③ $\boldsymbol{0}+\boldsymbol{a}=\boldsymbol{a}$ となる元 $\boldsymbol{0}$ が存在する。

④ $\boldsymbol{a}'+\boldsymbol{a}=\boldsymbol{0}$ となる元 $\boldsymbol{a}'$ が存在する。

⑤ $1\,\boldsymbol{a}=\boldsymbol{a}$

⑥ $\alpha(\beta\,\boldsymbol{a})=(\alpha\,\beta)\,\boldsymbol{a}$

⑦ $\alpha(\boldsymbol{a}+\boldsymbol{b})=\alpha\,\boldsymbol{a}+\alpha\,\boldsymbol{b}$

⑧ $(\alpha+\beta)\,\boldsymbol{a}=\alpha\,\boldsymbol{a}+\beta\,\boldsymbol{a}$

3.2 線形部分空間

線形空間 E の部分集合 F で，F が一つの線形空間になっているとき，F を**線形部分空間**（linear sub space）という。F が線形部分空間であるかどうかは次式を確かめればよい。

$$\alpha\,\boldsymbol{a}+\beta\,\boldsymbol{b}\in F \tag{3.1}$$

F の元 $\boldsymbol{a}$，$\boldsymbol{b}$ が式(3.1)を満足しているとき，F は線形部分空間になっている。

F_1，F_2 を E の二つの線形部分空間とするとき，次の性質がある。

（i）　$F_1 \cap F_2$ も線形部分空間である（**図 3.1**(a)）。

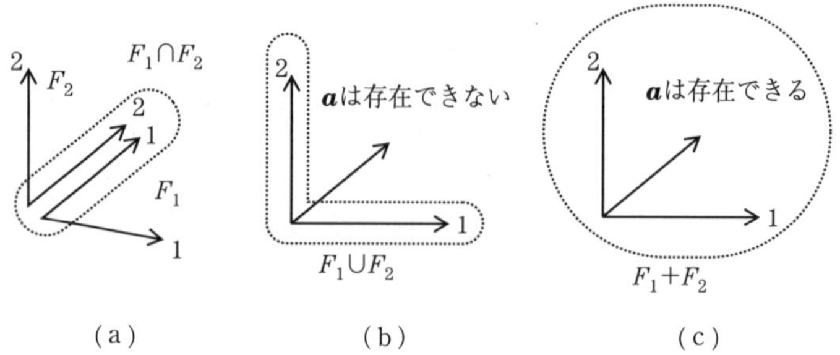

図 3.1　線形部分空間の性質(1)

（ii）　$F_1 \cup F_2$ は線形部分空間とは限らない（図(b)）。

（iii）　$\{\boldsymbol{a} + \boldsymbol{b}\,;\, \boldsymbol{a} \in F_1,\ \boldsymbol{b} \in F_2\}$ の集合は線形部分空間である（図(c)）。

これを記号的に

$$F_1 + F_2 \tag{3.2}$$

で表し，F_1 と F_2 の**和空間**（sum of spaces）という。

（iv）　F_1 と F_2 を E の二つの線形部分空間とすると，$F_1 + F_2$ は F_1 と F_2 を含む E の線形部分空間の中で最小のものである（**図 3.2**(a)）。

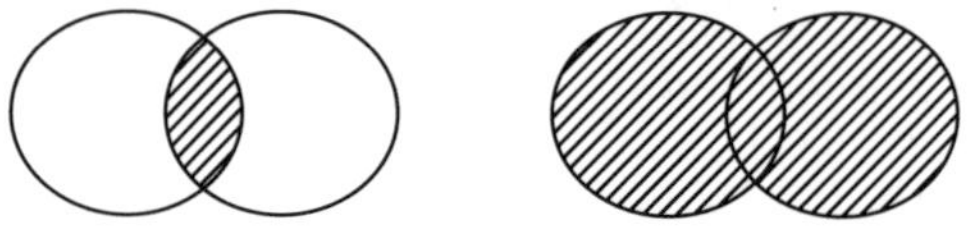

(a)　$F_1 \cap F_2$（共通部分）　　(b)　$F_1 \cup F_2$（合併）

図 3.2　線形部分空間の性質(2)

（v）　$F_1 \cap F_2 = \{\boldsymbol{0}\}$ を満たすとき（**図 3.3**(b)），$F = F_1 + F_2$ のことを $F = F_1 \dot{+} F_2$ とかき，F_1 と F_2 の**直和**（direct sum）という。

（vi）　$F_1 + F_2$ が $F_1 \dot{+} F_2$ となる必要十分条件とは，$F_1 + F_2$ の任意の元 $\boldsymbol{x}$

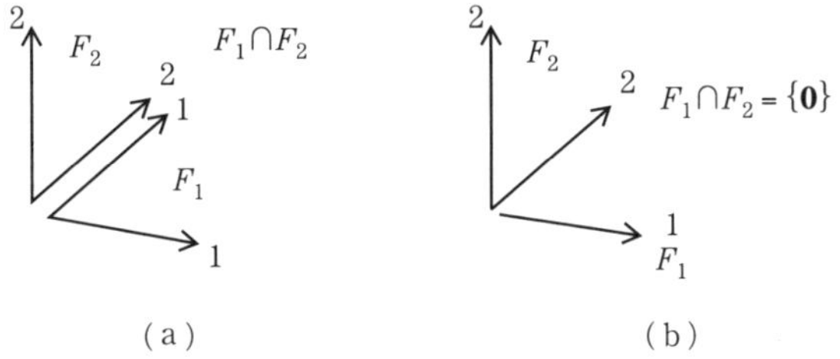

図 3.3　線形部分空間の性質(3)

に対して

$$\boldsymbol{x} = \boldsymbol{a} + \boldsymbol{b}\ , \qquad \boldsymbol{a} \in F_1\ , \qquad \boldsymbol{b} \in F_2 \tag{3.3}$$

と表す方法が唯一となることである。

(vii)　F の次元を $\dim F$ で表す。このとき

$$\dim F_1 + \dim F_2 = \dim(F_1 + F_2) + \dim(F_1 \cap F_2) \tag{3.4}$$

図 3.3(a)では，$\dim F_1 = 2$，$\dim F_2 = 2$，$\dim(F_1 + F_2) = 3$，$\dim(F_1 \cap F_2) = 1$，図 3.3(b)では，$\dim F_1 = 1$，$\dim F_2 = 2$，$\dim(F_1 + F_2) = 3$，$\dim(F_1 \cap F_2) = 0$ である。

3.3　基 軸 と 基 底

一つの元 $\boldsymbol{a}(\neq \boldsymbol{0})$ によって表される線形部分空間

$$\{\alpha\, \boldsymbol{a}\ ;\ \alpha \in K\} \tag{3.5}$$

を直線という。この直線に対し $\boldsymbol{a}$ を**生成元**（generating element）という。

E の線形部分空間 F が k 個の直線の直和に等しいとき，F は k 次元であるという（$\dim F = k$）。このとき，k 個の直線の組を F の基軸という。

n 次元空間 E において n 個のベクトルの列 $\{\boldsymbol{a}_1, \boldsymbol{a}_2, \cdots, \boldsymbol{a}_n\}$ に対し，$\boldsymbol{a}_1$，$\boldsymbol{a}_2$，…，$\boldsymbol{a}_n$ を生成元とする n 個の直線が E の基軸をなすとき，この列のことを E の**基底**（base）という。

3.4 線　形　写　像

二つの線形空間 E，F があるとき，E から F への写像

$$\varphi : E \to F \tag{3.6}$$

が線形であるとは，次式が成立することである。

$$\varphi(\alpha\,\boldsymbol{a} + \beta\,\boldsymbol{b}) = \alpha\,\varphi(\boldsymbol{a}) + \beta\,\varphi(\boldsymbol{b}) \tag{3.7}$$

φ で写して $\mathbf{0}$ となるような E の元の全体を φ の**核**（kernel）という（**図 3.4**）。核を記号 $\varphi^{-1}(\mathbf{0})$ で表す。つまり

$$\varphi^{-1}(\mathbf{0}) = \{\boldsymbol{x}\,;\,\boldsymbol{x} \in E\,,\quad \varphi(\boldsymbol{x}) = \mathbf{0}\} \tag{3.8}$$

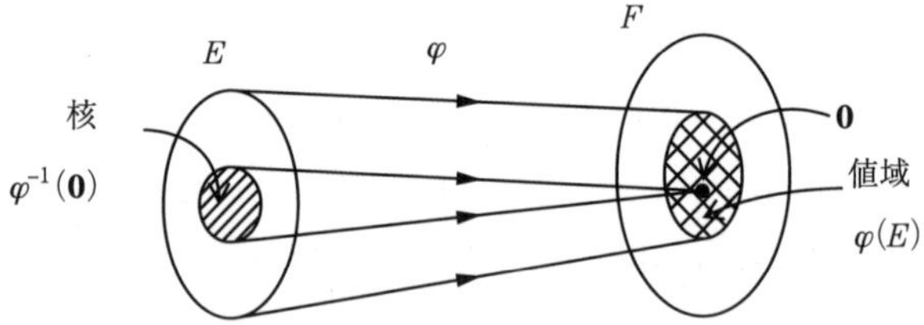

図 3.4　線形空間と写像

E の元を φ で写したものの全体を φ の**値域**（range）といい，$\varphi(E)$ で表す。すなわち

$$\varphi(E) = \{\boldsymbol{y}\,;\,\boldsymbol{y} \in F\,,\quad \varphi(\boldsymbol{x}) = \boldsymbol{y}\} \tag{3.9}$$

ここで，φ として次のマトリクスを考えてみる。

$$\boldsymbol{A}(t) = \begin{bmatrix} 1 & t \\ t & 1 \end{bmatrix} \tag{3.10}$$

$t = -1$ のときは

$$\boldsymbol{A}(-1) = \begin{bmatrix} 1 & -1 \\ -1 & 1 \end{bmatrix}, \qquad |\,\boldsymbol{A}(-1)\,| = 0 \tag{3.11}$$

このとき

$$\begin{bmatrix} x_1 \\ x_1 \end{bmatrix} \in \varphi^{-1}(\mathbf{0}) \tag{3.12}$$

$$\begin{bmatrix} y_1 \\ -y_1 \end{bmatrix} \in \varphi(E) \tag{3.13}$$

① φ の核と値域はそれぞれ E，F の線形部分空間である。一般に，写像 φ が 1 対 1 であるとき**単射**（injection）という。また，$\varphi(E) = F$ のとき，φ は E から F への写像，または，**全射**（surjection）という。

② 単射であるための必要十分条件は $\varphi^{-1}(\mathbf{0}) = \{\mathbf{0}\}$。このことは，$\det(\boldsymbol{A}) \neq 0$ であることと同じである。

③ $\dim E = \dim \varphi^{-1}(\mathbf{0}) + \dim \varphi(E)$。$\dim \varphi(E)$ を φ のランクといい，$\mathrm{rank}\, \varphi$ で表す。E から E 自身への線形写像を**線形変換**（linear transformation）という。

3.5 射　　　影

図 3.5 における任意の点 $\boldsymbol{x}$ から F_1，F_2 に平行な直線を引いて，他の軸と交わる点 $\boldsymbol{x}_1$，$\boldsymbol{x}_2$ を作る。このように，平行線を引くことを**射影**（projection）という。

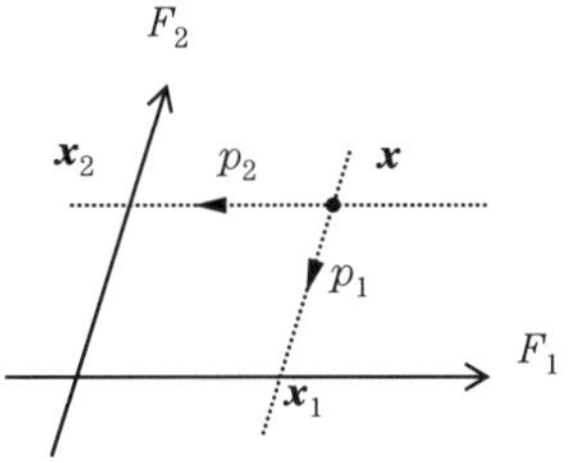

図 3.5 $\boldsymbol{x}$ の F_1，F_2 への射影

$$E = F_1 \dot{+} F_2 \tag{3.14}$$

であるとき，E のどんな元 $\boldsymbol{x}$ も

$$\boldsymbol{x} = \boldsymbol{x}_1 + \boldsymbol{x}_2 \quad (\boldsymbol{x}_1 \in F_1, \quad \boldsymbol{x}_2 \in F_2) \tag{3.15}$$

の形に一意的に分解できる。

$\boldsymbol{x}_1$ と $\boldsymbol{x}_2$ は $\boldsymbol{x}$ から一意的に決まるので

$$p_1 : \boldsymbol{x} \mapsto \boldsymbol{x}_1 \tag{3.16(a)}$$

$$p_2 : \boldsymbol{x} \mapsto \boldsymbol{x}_2 \tag{3.16(b)}$$

という写像ができる。これを次式で書くことにする。

$$p_1(\boldsymbol{x}) = \boldsymbol{x}_1 \ , \qquad p_2(\boldsymbol{x}) = \boldsymbol{x}_2 \tag{3.17}$$

上式を式(3.15)に適用すると

$$(p_1 + p_2)(\boldsymbol{x}) = p_1(\boldsymbol{x}) + p_2(\boldsymbol{x}) = \boldsymbol{x}_1 + \boldsymbol{x}_2 = \boldsymbol{x} = I(\boldsymbol{x}) \tag{3.18}$$

となるから

$$I = p_1 + p_2 \tag{3.19}$$

である。p_1，p_2 を直和分解 $E = F_1 \dot{+} F_2$ に付随する射影と呼び，式(3.19)を I の**射影分解**（projection resolution）という。p_1，p_2 は**射影子**（projector）とも呼ばれ，一般には行列で表現される。

図3.6から明らかなように

$$p_1 p_1 = p_1 \ , \qquad p_2 p_2 = p_2 \tag{3.20}$$

$$p_1 p_2 = p_2 p_1 = 0 \tag{3.21}$$

式(3.20)，(3.21)をまとめて次式で表す。

$$p_i p_j = \delta_{ij} p_j \tag{3.22}$$

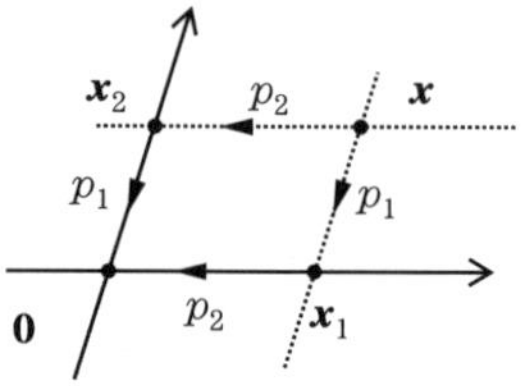

図3.6　射影の性質

3.6 正　射　影

E を n 次元空間とするとき，n 個の独立な基底を選ぶことができる。さらに，この基底に対してシュミットの直交化を行うと，**正規直交基底**（orthonormal basis）$\boldsymbol{e}_1$，$\boldsymbol{e}_2$，…，$\boldsymbol{e}_n$ を作ることができる。つまり

$$\boldsymbol{e}_i \cdot \boldsymbol{e}_j = \delta_{ij} \tag{3.23}$$

である。

一つの線形部分空間 F が与えられたとき，それに直交するベクトル全体の作る線形部分空間 G が一つ確定する。これを F の**直交補空間**（orthogonal complement）といい，$F^{\perp}$ で表す。

$$\begin{aligned} E &= \boldsymbol{e}_1 \dot{+} \boldsymbol{e}_2 \dot{+} \cdots \dot{+} \boldsymbol{e}_n = (\boldsymbol{e}_1 \dot{+} \boldsymbol{e}_2 \dot{+} \cdots \dot{+} \boldsymbol{e}_r) + (\boldsymbol{e}_{r+1} \dot{+} \cdots \dot{+} \boldsymbol{e}_n) \\ &= F + F^{\perp} \end{aligned} \tag{3.24}$$

となっている。

E の線形部分空間 F に対して，$E = F \dot{+} F^{\perp}$ という直和分解のことを直交直和分解といい，次式で表す。

$$E = F \oplus F^{\perp} \tag{3.25}$$

上式に対応する射影分解を

$$I = p_F + p_{F^{\perp}} \tag{3.26}$$

と書く。p_F，$p_{F^{\perp}}$ を**正射影**（orthogonal projection）という（**図 3.7**）。

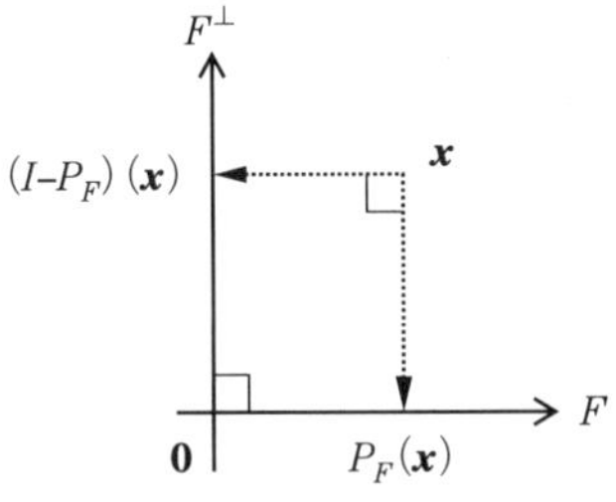

図 3.7　x の F，$F^{\perp}$ への正射影

（i）　正射影 p_F は

①　対称写像である。すなわち，任意の $\boldsymbol{x}$，$\boldsymbol{y}$ に対して

$$p_F(\boldsymbol{x}) \cdot \boldsymbol{y} = \boldsymbol{x} \cdot p_F(\boldsymbol{y}) \tag{3.27}$$

②　ベクトルの長さをのばさない。すなわち

$$|\, p_F(\boldsymbol{x}) \,| \leqq |\, \boldsymbol{x} \,| \tag{3.28}$$

（ii）E の線形変換 p が，ある線形部分空間への正射影になっているための必要十分条件は

① $pp = p$

② E のすべての $\boldsymbol{x}$ について $|p(\boldsymbol{x})| \leqq |\boldsymbol{x}|$

3.7 射影マトリクス

n 次元線形空間 R^n において線形部分空間，F_1，F_2 が与えられていて

$$R^n = F_1 \dotplus F_2 \tag{3.29}$$

とするとき，これに付随する射影 p_1，p_2 の表現マトリクスを求める。基底として

$$\boldsymbol{e}_1 = \begin{bmatrix} 1 \\ 0 \\ \vdots \\ 0 \end{bmatrix}, \quad \boldsymbol{e}_2 = \begin{bmatrix} 0 \\ 1 \\ \vdots \\ 0 \end{bmatrix}, \quad \cdots, \quad \boldsymbol{e}_n = \begin{bmatrix} 0 \\ 0 \\ \vdots \\ 1 \end{bmatrix} \tag{3.30}$$

を採用する。

F_1，F_2 の基底をそれぞれ $\boldsymbol{a}_1$，⋯，$\boldsymbol{a}_k$，および，$\boldsymbol{a}_{k+1}$，⋯，$\boldsymbol{a}_n$ とする。これをまとめて次式で表す。

$$\boldsymbol{A} = [\boldsymbol{a}_1 \cdots \boldsymbol{a}_n] = \begin{bmatrix} a_{11} & a_{12} & \cdots & a_{1n} \\ a_{21} & a_{22} & \cdots & a_{2n} \\ \vdots & \vdots & & \vdots \\ a_{n1} & a_{n2} & \cdots & a_{nn} \end{bmatrix} \tag{3.31}$$

任意の $\boldsymbol{x} = (x_1, \cdots, x_n)^T$ に対して

$$p_1(\boldsymbol{x}) = \boldsymbol{P}_1 \boldsymbol{x}, \qquad p_2(\boldsymbol{x}) = \boldsymbol{P}_2 \boldsymbol{x} \tag{3.32}$$

となるマトリクス $\boldsymbol{P}_1$，$\boldsymbol{P}_2$ を作るのが目的である。$\boldsymbol{x}$ は

$$\boldsymbol{x} = \boldsymbol{y} + \boldsymbol{z}, \qquad \boldsymbol{y} \in F_1, \qquad \boldsymbol{z} \in F_2 \tag{3.33}$$

と一意的に分解され，$\boldsymbol{y}$，$\boldsymbol{z}$ は次式で与えられる。

$$\boldsymbol{y} = y_1\boldsymbol{a}_1 + \cdots + y_k\boldsymbol{a}_k = [\boldsymbol{a}_1 \cdots \boldsymbol{a}_k]\begin{bmatrix} y_1 \\ \vdots \\ y_k \end{bmatrix} \tag{3.34}$$

$$\boldsymbol{z} = z_{k+1}\boldsymbol{a}_{k+1} + \cdots + z_n\boldsymbol{a}_n = [\boldsymbol{a}_{k+1} \cdots \boldsymbol{a}_n]\begin{bmatrix} z_{k+1} \\ \vdots \\ z_n \end{bmatrix} \tag{3.35}$$

よって

$$\begin{aligned} \boldsymbol{x} &= y_1\boldsymbol{a}_1 + \cdots + y_k\boldsymbol{a}_k + z_{k+1}\boldsymbol{a}_{k+1} + \cdots + z_n\boldsymbol{a}_n \\ &= [\boldsymbol{a}_1 \cdots \boldsymbol{a}_n]\begin{bmatrix} y_1 \\ \vdots \\ y_k \\ z_{k+1} \\ \vdots \\ z_n \end{bmatrix} = \boldsymbol{A}\begin{bmatrix} y_1 \\ \vdots \\ y_k \\ z_{k+1} \\ \vdots \\ z_n \end{bmatrix} \end{aligned} \tag{3.36}$$

$\boldsymbol{a}_1$, $\cdots$, $\boldsymbol{a}_n$ は1次独立で $\det(\boldsymbol{A}) \neq 0$ であるから，左から $\boldsymbol{A}^{-1}$ を掛けると

$$\begin{bmatrix} y_1 \\ \vdots \\ y_k \\ z_{k+1} \\ \vdots \\ z_n \end{bmatrix} = \boldsymbol{A}^{-1}\begin{bmatrix} x_1 \\ \vdots \\ \vdots \\ \vdots \\ \vdots \\ x_n \end{bmatrix} \tag{3.37}$$

式(3.34)，(3.35)，(3.37)を参照すると

$$\boldsymbol{y} = [\boldsymbol{a}_1 \cdots \boldsymbol{a}_k\, \boldsymbol{0} \cdots \boldsymbol{0}]\begin{bmatrix} y_1 \\ \vdots \\ y_k \\ z_{k+1} \\ \vdots \\ z_n \end{bmatrix} = [\boldsymbol{a}_1 \cdots \boldsymbol{a}_k\, \boldsymbol{0} \cdots \boldsymbol{0}]\boldsymbol{A}^{-1}\boldsymbol{x} \tag{3.38}$$

$$\boldsymbol{z} = [\boldsymbol{0} \cdots \boldsymbol{0}\ \boldsymbol{a}_{k+1} \cdots \boldsymbol{a}_n]\begin{bmatrix} y_1 \\ \vdots \\ y_k \\ z_{k+1} \\ \vdots \\ z_n \end{bmatrix} = [\boldsymbol{0} \cdots \boldsymbol{0}\ \boldsymbol{a}_{k+1} \cdots \boldsymbol{a}_n]\boldsymbol{A}^{-1}\boldsymbol{x} \tag{3.39}$$

よって

$$\boldsymbol{P}_1 = [\boldsymbol{a}_1 \cdots \boldsymbol{a}_k\ \boldsymbol{0} \cdots \boldsymbol{0}]\boldsymbol{A}^{-1} \tag{3.40}$$

$$\boldsymbol{P}_2 = [\boldsymbol{0} \cdots \boldsymbol{0}\ \boldsymbol{a}_{k+1} \cdots \boldsymbol{a}_n]\boldsymbol{A}^{-1} \tag{3.41}$$

3.8　正射影マトリクス

$\boldsymbol{A}$ として直交行列（$\boldsymbol{A}^T\boldsymbol{A} = \boldsymbol{I}$）を採用すると，$\boldsymbol{a}_1$，…，$\boldsymbol{a}_n$ は正規直交基底となるから

$$\boldsymbol{P}_1 = [\boldsymbol{a}_1 \cdots \boldsymbol{a}_k\ \boldsymbol{0} \cdots \boldsymbol{0}]\boldsymbol{A}^T \tag{3.42}$$

$$\boldsymbol{P}_2 = [\boldsymbol{0} \cdots \boldsymbol{0}\ \boldsymbol{a}_{k+1} \cdots \boldsymbol{a}_n]\boldsymbol{A}^T \tag{3.43}$$

$\boldsymbol{P}_1$，$\boldsymbol{P}_2$ は対称マトリクスである。

◀ 例 3.1 ▶

2 次元線形空間 R^2 において，$x + y = 0$ への正射影マトリクスを求める（図 3.8）。

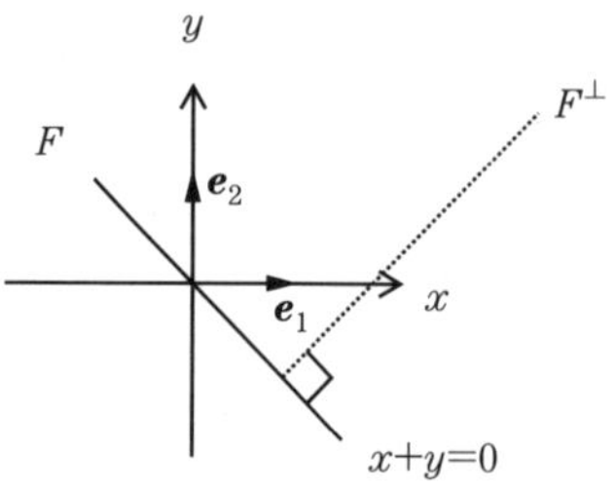

図 3.8　$x + y = 0$ への正射影

▶ **解**　この直線上の正規直交基底は次式となる。

$$\boldsymbol{a}_1 = \frac{1}{\sqrt{2}}\begin{bmatrix} 1 \\ -1 \end{bmatrix} \tag{3.44}$$

$\boldsymbol{a}_2$ は上式と直交する正規直交基底であるから

$$\boldsymbol{a}_2 = \frac{1}{\sqrt{2}}\begin{bmatrix} 1 \\ 1 \end{bmatrix} \tag{3.45}$$

よって

$$\boldsymbol{A} = \frac{1}{\sqrt{2}}\begin{bmatrix} 1 & 1 \\ -1 & 1 \end{bmatrix} \tag{3.46}$$

$$\boldsymbol{P}_1 = \frac{1}{\sqrt{2}}\begin{bmatrix} 1 & 0 \\ -1 & 0 \end{bmatrix} \times \frac{1}{\sqrt{2}}\begin{bmatrix} 1 & -1 \\ 1 & 1 \end{bmatrix} = \frac{1}{2}\begin{bmatrix} 1 & -1 \\ -1 & 1 \end{bmatrix} \tag{3.47}$$

$$\boldsymbol{P}_2 = \frac{1}{\sqrt{2}}\begin{bmatrix} 0 & 1 \\ 0 & 1 \end{bmatrix} \times \frac{1}{\sqrt{2}}\begin{bmatrix} 1 & -1 \\ 1 & 1 \end{bmatrix} = \frac{1}{2}\begin{bmatrix} 1 & 1 \\ 1 & 1 \end{bmatrix} \tag{3.48}$$

4 ボット・ダフィン逆行列

4.1 ボット・ダフィン逆行列

次式のような $\boldsymbol{d}$ と $\boldsymbol{r}$ を未知量とする付帯条件付きの連立方程式を考える。

$$\boldsymbol{Kd} + \boldsymbol{r} = \boldsymbol{f} \tag{4.1}$$

$$\boldsymbol{d} \in L \tag{4.2}$$

$$\boldsymbol{r} \in L^{\perp} \tag{4.3}$$

ここに，$\boldsymbol{K}$：(n, n) 型対称マトリクス，L：n 次元線形空間 R^n 内の部分空間，$L^{\perp}$：n 次元線形空間 R^n 内の L に対する直交補空間である。つまり，式(4.2)，(4.3)の付帯条件は

$$\boldsymbol{d}^T\boldsymbol{r} = 0 \tag{4.4}$$

で表される。

そこで，$\boldsymbol{P}_L$ を n 次元空間 R^n から L 上への正射影マトリクス，$\boldsymbol{P}_{L^{\perp}}$ を n 次元空間 R^n から $L^{\perp}$ 上への正射影マトリクス，$\boldsymbol{a}$ を n 次元空間 R^n 内の任意のベクトルとすると，次式が成り立つ。式(4.7)は正射影マトリクスの性質を示す。

$$\boldsymbol{d} = \boldsymbol{P}_L\boldsymbol{a} \tag{4.5}$$

$$\boldsymbol{r} = \boldsymbol{P}_{L^{\perp}}\boldsymbol{a} = \boldsymbol{f} - \boldsymbol{KP}_L\boldsymbol{a} \tag{4.6}$$

$$\boldsymbol{P}_L + \boldsymbol{P}_{L^{\perp}} = \boldsymbol{I}, \quad \boldsymbol{P}_L\boldsymbol{P}_L = \boldsymbol{P}_L, \quad \boldsymbol{P}_{L^{\perp}}\boldsymbol{P}_{L^{\perp}} = \boldsymbol{P}_{L^{\perp}}, \quad \boldsymbol{P}_L\boldsymbol{P}_{L^{\perp}} = \boldsymbol{O} \tag{4.7}$$

ここに，$\boldsymbol{I}$：(n, n) 型単位マトリクスである。式(4.5)，(4.6)を式(4.1)に代

入すると

$$[\boldsymbol{KP}_L + \boldsymbol{P}_{L^\perp}]\boldsymbol{a} = \boldsymbol{f} \tag{4.8}$$

となる。上式の係数マトリクスは，(n, n) 型正方マトリクスであり，非特異の場合には

$$\boldsymbol{a} = [\boldsymbol{KP}_L + \boldsymbol{P}_{L^\perp}]^{-1}\boldsymbol{f} \tag{4.9}$$

式(4.9)を式(4.5)，(4.6)に代入し，さらに，式(4.1)を用いると

$$\boldsymbol{d} = \boldsymbol{P}_L[\boldsymbol{KP}_L + \boldsymbol{P}_{L^\perp}]^{-1}\boldsymbol{f} \tag{4.10}$$

$$\boldsymbol{r} = \boldsymbol{f} - \boldsymbol{Kd} \tag{4.11}$$

となる。式(4.10)の係数マトリクスを

$$\boldsymbol{K}_{(L)}{}^{(-1)} = \boldsymbol{P}_L[\boldsymbol{KP}_L + \boldsymbol{P}_{L^\perp}]^{-1} \tag{4.12}$$

とおくと，$\boldsymbol{K}_{(L)}{}^{(-1)}$ を正射影 $\boldsymbol{P}_L$ に対応する $\boldsymbol{K}$ の**ボット・ダフィン逆行列**（Bott-Duffin inverse matrix）と呼ぶ。つまり，式(4.1)の解は

$$\boldsymbol{d} = \boldsymbol{K}_{(L)}{}^{(-1)}\boldsymbol{f} \tag{4.13}$$

$$\boldsymbol{r} = \boldsymbol{K}_{(L^\perp)}{}^{(-1)}\boldsymbol{f} \tag{4.14}$$

と表される。ここに，$\boldsymbol{K}_{(L^\perp)}{}^{(-1)}$ は正射影 $\boldsymbol{P}_{L^\perp}$ に対応する $\boldsymbol{K}$ のボット・ダフィン逆行列であり

$$\boldsymbol{K}_{(L^\perp)}{}^{(-1)} = \boldsymbol{P}_{L^\perp}[\boldsymbol{KP}_L + \boldsymbol{P}_{L^\perp}]^{-1} \tag{4.15}$$

4.2　基本型方程式 1（Type-1）の解とその性質

次式のような $\boldsymbol{d}$ と $\boldsymbol{r}$ を未知量とする付帯条件付きの連立方程式を考える。この連立方程式を基本型方程式（Type-1）と呼ぶ。

$$\boldsymbol{Kd} + \boldsymbol{r} = \boldsymbol{f} \tag{4.16}$$

$$\boldsymbol{d}^T\boldsymbol{r} = 0 \tag{4.17}$$

ここで，上式を構造解析問題として位置付けると，$\boldsymbol{K}$：(n, n) 型剛性マトリクス，$\boldsymbol{d}$：n 次変位ベクトル，$\boldsymbol{r}$：n 次制御力ベクトル，$\boldsymbol{f}$：n 次外力ベクトルである。$\boldsymbol{d}$ と $\boldsymbol{r}$ は n 次元ベクトルであるため未知数は $2n$ 個，方程式は $n+1$ 個となり，未知数と方程式の数は一致しない。

◀ 例 4.1 ▶

次式の未知量 $\boldsymbol{d}$ と $\boldsymbol{r}$ を求める。

$$\begin{bmatrix} 2 & -1 \\ -1 & 1 \end{bmatrix}\begin{bmatrix} d_1 \\ d_2 \end{bmatrix} + \begin{bmatrix} r_1 \\ r_2 \end{bmatrix} = \begin{bmatrix} 1 \\ 1 \end{bmatrix} \tag{4.18}$$

$$\boldsymbol{d}^T\boldsymbol{r} = d_1r_1 + d_2r_2 = 0 \tag{4.19}$$

▶ 解

（i）　$\boldsymbol{d} = \boldsymbol{0}$ の場合　：　$\boldsymbol{d}^T\boldsymbol{r} = 0$ は満足。

$$\boldsymbol{r} = \begin{bmatrix} 1 \\ 1 \end{bmatrix} \tag{4.20}$$

（ii）　$\boldsymbol{r} = \boldsymbol{0}$ の場合　：　$\boldsymbol{d}^T\boldsymbol{r} = 0$ は満足。

$$\boldsymbol{d} = \begin{bmatrix} 2 \\ 3 \end{bmatrix} \tag{4.21}$$

（iii）　$\boldsymbol{d} = \begin{bmatrix} 2 \\ 2 \end{bmatrix},\ \boldsymbol{r} = \begin{bmatrix} -1 \\ 1 \end{bmatrix}$ の場合　：　次式は満足。

$$\boldsymbol{d}^T\boldsymbol{r} = [2 \quad 2]\begin{bmatrix} -1 \\ 1 \end{bmatrix} = 0 \tag{4.22}$$

（iv）　$\boldsymbol{d} = \begin{bmatrix} x \\ y \end{bmatrix},\ \boldsymbol{r} = \lambda\begin{bmatrix} y \\ -x \end{bmatrix}$ の場合　：　次式は満足。

$$\boldsymbol{d}^T\boldsymbol{r} = [x \quad y]\,\lambda\begin{bmatrix} y \\ -x \end{bmatrix} = 0 \tag{4.23}$$

（iv）の条件を式(4.18)に代入すると

$$\begin{bmatrix} 2 & -1 \\ -1 & 1 \end{bmatrix}\begin{bmatrix} x \\ y \end{bmatrix} + \lambda\begin{bmatrix} y \\ -x \end{bmatrix} = \begin{bmatrix} 1 \\ 1 \end{bmatrix} \tag{4.24}$$

まとめると

$$\begin{bmatrix} 2 & -1+\lambda \\ -1-\lambda & 1 \end{bmatrix}\begin{bmatrix} x \\ y \end{bmatrix} = \begin{bmatrix} 1 \\ 1 \end{bmatrix} \tag{4.25}$$

上式を解くと

$$\begin{aligned} \begin{bmatrix} x \\ y \end{bmatrix} &= \begin{bmatrix} 2 & -1+\lambda \\ -1-\lambda & 1 \end{bmatrix}^{-1}\begin{bmatrix} 1 \\ 1 \end{bmatrix} \\ &= \frac{1}{1+\lambda^2}\begin{bmatrix} 1 & 1-\lambda \\ 1+\lambda & 2 \end{bmatrix}\begin{bmatrix} 1 \\ 1 \end{bmatrix} = \frac{1}{1+\lambda^2}\begin{bmatrix} 2-\lambda \\ 3+\lambda \end{bmatrix} \end{aligned} \tag{4.26}$$

上式において，$\lambda = -1/2$ とおくと

$$\begin{bmatrix} x \\ y \end{bmatrix} = \frac{1}{1+\left(-\frac{1}{2}\right)^2}\begin{bmatrix} 2-\left(-\frac{1}{2}\right) \\ 3+\left(-\frac{1}{2}\right) \end{bmatrix} = \frac{4}{5}\begin{bmatrix} \frac{5}{2} \\ \frac{5}{2} \end{bmatrix} = \begin{bmatrix} 2 \\ 2 \end{bmatrix} = \boldsymbol{d} \tag{4.27}$$

$$\boldsymbol{r} = -\frac{1}{2}\begin{bmatrix} 2 \\ -2 \end{bmatrix} = \begin{bmatrix} -1 \\ 1 \end{bmatrix} \tag{4.28}$$

となり，式(4.22)の解となる。

以上，［**例 4.1**］の結果から予想されるように，Type-1 の解は唯一ではないことがわかる。

次に，Type-1 の一般的解法を考える。すなわち，ボット・ダフィン逆行列を応用する。基礎方程式を再記すると

$$\boldsymbol{Kd} + \boldsymbol{r} = \boldsymbol{f} \tag{4.29}$$

$$\boldsymbol{d}^T\boldsymbol{r} = 0 \tag{4.30}$$

である。ここで，ボット・ダフィン逆行列を用いると，解は，式(4.13)，(4.14)より

$$\boldsymbol{d} = \boldsymbol{K}_{(L)}{}^{(-1)}\boldsymbol{f} = \boldsymbol{P}_L[\boldsymbol{KP}_L + \boldsymbol{P}_{L^\perp}]^{-1}\boldsymbol{f} \tag{4.31}$$

$$\boldsymbol{r} = \boldsymbol{K}_{(L^\perp)}{}^{(-1)}\boldsymbol{f} = \boldsymbol{P}_{L^\perp}[\boldsymbol{KP}_L + \boldsymbol{P}_{L^\perp}]^{-1}\boldsymbol{f} \tag{4.32}$$

で求められる。

◀ **例　4.2** ▶

次の $\boldsymbol{P}_L$，$\boldsymbol{P}_{L^\perp}$ を用いて［**例 4.1**］を解く。

$$\boldsymbol{P}_L = \frac{1}{2}\begin{bmatrix} 1 & 1 \\ 1 & 1 \end{bmatrix} \tag{4.33}$$

$$\boldsymbol{P}_{L^\perp} = \frac{1}{2}\begin{bmatrix} 1 & -1 \\ -1 & 1 \end{bmatrix} \tag{4.34}$$

▶ **解**　　はじめに，式(4.33)と式(4.34)の和をとると

$$\boldsymbol{P}_L + \boldsymbol{P}_{L^\perp} = \frac{1}{2}\begin{bmatrix} 1 & 1 \\ 1 & 1 \end{bmatrix} + \frac{1}{2}\begin{bmatrix} 1 & -1 \\ -1 & 1 \end{bmatrix} = \begin{bmatrix} 1 & 0 \\ 0 & 1 \end{bmatrix} \tag{4.35}$$

となり，式(4.7)を満足している。

$$\boldsymbol{K}\boldsymbol{P}_L + \boldsymbol{P}_{L^\perp} = \frac{1}{2}\begin{bmatrix} 2 & -1 \\ -1 & 1 \end{bmatrix}\begin{bmatrix} 1 & 1 \\ 1 & 1 \end{bmatrix} + \frac{1}{2}\begin{bmatrix} 1 & -1 \\ -1 & 1 \end{bmatrix}$$

$$= \frac{1}{2}\left[\begin{bmatrix} 1 & 1 \\ 0 & 0 \end{bmatrix} + \begin{bmatrix} 1 & -1 \\ -1 & 1 \end{bmatrix}\right] = \frac{1}{2}\begin{bmatrix} 2 & 0 \\ -1 & 1 \end{bmatrix} \tag{4.36}$$

$$[\boldsymbol{K}\boldsymbol{P}_L + \boldsymbol{P}_{L^\perp}]^{-1} = \begin{bmatrix} 1 & 0 \\ 1 & 2 \end{bmatrix} \tag{4.37}$$

ボット・ダフィン逆行列は

$$\boldsymbol{K}_{(L)}{}^{(-1)} = \frac{1}{2}\begin{bmatrix} 1 & 1 \\ 1 & 1 \end{bmatrix}\begin{bmatrix} 1 & 0 \\ 1 & 2 \end{bmatrix} = \begin{bmatrix} 1 & 1 \\ 1 & 1 \end{bmatrix} \tag{4.38}$$

$$\boldsymbol{K}_{(L^\perp)}{}^{(-1)} = \frac{1}{2}\begin{bmatrix} 1 & -1 \\ -1 & 1 \end{bmatrix}\begin{bmatrix} 1 & 0 \\ 1 & 2 \end{bmatrix} = \begin{bmatrix} 0 & -1 \\ 0 & 1 \end{bmatrix} \tag{4.39}$$

となる。つまり，解は

$$\boldsymbol{d} = \begin{bmatrix} 1 & 1 \\ 1 & 1 \end{bmatrix}\begin{bmatrix} 1 \\ 1 \end{bmatrix} = \begin{bmatrix} 2 \\ 2 \end{bmatrix} \tag{4.40}$$

$$\boldsymbol{r} = \begin{bmatrix} 0 & -1 \\ 0 & 1 \end{bmatrix}\begin{bmatrix} 1 \\ 1 \end{bmatrix} = \begin{bmatrix} -1 \\ 1 \end{bmatrix} \tag{4.41}$$

となり，式(4.22)および式(4.27)，(4.28)に対応している。

このようにType-1の解を求めるためには，適当な正射影マトリクスを作成すればよいことがわかる。言いかえると，適当に作成した正射影マトリクスに応じた解を作ることができる。また，ボット・ダフィン逆行列による解法を用いる際，正射影マトリクス $\boldsymbol{P}_L$，$\boldsymbol{P}_{L^\perp}$ の効率のよい作成法が最も重要となる。

4.3　正射影マトリクスの作成法

ここでは，正射影マトリクス $\boldsymbol{P}_L$，$\boldsymbol{P}_{L^\perp}$ を作成する方法を述べる。n 次元線形空間 R^n を部分空間 L とその直交補空間 $L^\perp$ に分解すると，直和となるので

$$R^n = L \oplus L^\perp, \qquad L \subset R^n, \qquad L^\perp \subset R^n \tag{4.42}$$

部分空間 L とその直交補空間 $L^\perp$ の基底をそれぞれ

$$\boldsymbol{D} = [\boldsymbol{d}_1 \ \cdots \ \boldsymbol{d}_m] \tag{4.43}$$

$$\boldsymbol{R} = [\boldsymbol{r}_1 \ \cdots \ \boldsymbol{r}_l] \tag{4.44}$$

とする。ここに，m，l はそれぞれ L および $L^{\perp}$ の次元であり，$m + l = n$ である。上式の基底でできるマトリクスを

$$[\boldsymbol{D} \ \vdots \ \boldsymbol{R}] = [\boldsymbol{d}_1 \ \cdots \ \boldsymbol{d}_m \ \vdots \ \boldsymbol{r}_1 \ \cdots \ \boldsymbol{r}_l] \tag{4.45}$$

とする。このとき，$\boldsymbol{P}_L$ は次式を満足する。

$$\boldsymbol{P}_L \boldsymbol{d}_i = \boldsymbol{d}_i \ , \qquad i = 1, \cdots, m \tag{4.46}$$

$$\boldsymbol{P}_L \boldsymbol{r}_j = \boldsymbol{0} \ , \qquad j = 1, \cdots, l \tag{4.47}$$

上式をマトリクス表示すると

$$\boldsymbol{P}_L [\boldsymbol{D} \ \vdots \ \boldsymbol{R}] = [\boldsymbol{D} \ \vdots \ \boldsymbol{O}] \tag{4.48}$$

となる。ここで，$[\boldsymbol{D} \ \vdots \ \boldsymbol{R}]$ は非特異であるから

$$\boldsymbol{P}_L = [\boldsymbol{D} \ \vdots \ \boldsymbol{O}][\boldsymbol{D} \ \vdots \ \boldsymbol{R}]^{-1} \tag{4.49}$$

同様にして

$$\boldsymbol{P}_{L^{\perp}} = [\boldsymbol{O} \ \vdots \ \boldsymbol{R}][\boldsymbol{D} \ \vdots \ \boldsymbol{R}]^{-1} \tag{4.50}$$

となる。式(4.49)と式(4.50)の和を作ると

$$\boldsymbol{P}_L + \boldsymbol{P}_{L^{\perp}} = [\boldsymbol{D} \ \vdots \ \boldsymbol{R}][\boldsymbol{D} \ \vdots \ \boldsymbol{R}]^{-1} = \boldsymbol{I}_n \tag{4.51}$$

となる。上式より，$\boldsymbol{P}_{L^{\perp}}$ は次式で作成することもできる。

$$\boldsymbol{P}_{L^{\perp}} = \boldsymbol{I}_n - \boldsymbol{P}_L \tag{4.52}$$

次に，次式に示すような変位の制約条件式を考える。つまり

$$\boldsymbol{A}\boldsymbol{d} = \boldsymbol{0} \tag{4.53}$$

である。ここに，$\boldsymbol{A}$：(m, n) 型**制約条件マトリクス**（constrain matrix）であり，$\mathrm{rank}(\boldsymbol{A}) = m$ である。このとき，式(4.53)の解は $\boldsymbol{\alpha}$ を任意のベクトルとして

$$\boldsymbol{d} = [\boldsymbol{I} - \boldsymbol{A}^{+}\boldsymbol{A}]\boldsymbol{\alpha} \tag{4.54}$$

で与えられる。ここに，$\boldsymbol{A}^{+}$：$\boldsymbol{A}$ の (n, m) 型一般逆行列である。また，$\boldsymbol{A}$ のランクが m の場合には，式(2.10)より

$$\boldsymbol{A}^{+} = \boldsymbol{A}^{T}(\boldsymbol{A}\boldsymbol{A}^{T})^{-1} \tag{4.55}$$

$$\boldsymbol{A}\boldsymbol{A}^{+} = \boldsymbol{I}_m \tag{4.56}$$

の関係がある。

　したがって，式(4.55)を式(4.54)に代入して

$$\boldsymbol{d} = [\boldsymbol{I}_n - \boldsymbol{A}^T(\boldsymbol{A}\boldsymbol{A}^T)^{-1}\boldsymbol{A}]\boldsymbol{\alpha} \tag{4.57}$$

となる。上式の右辺の係数マトリクスには（$n-m$）個の線形独立な列ベクトルが存在する。

◀　例　4.3　▶

　$\boldsymbol{A} = [1 \quad -1]$ の $\boldsymbol{P}_L$，$\boldsymbol{P}_{L^\perp}$ を求める。

▶　解　　式(4.57)を作ると

$$\boldsymbol{A}\boldsymbol{A}^T = [1 \quad -1]\begin{bmatrix} 1 \\ -1 \end{bmatrix} = 2 \tag{4.58}$$

$$\boldsymbol{A}^T[\boldsymbol{A}\boldsymbol{A}^T]^{-1}\boldsymbol{A} = \frac{1}{2}\begin{bmatrix} 1 \\ -1 \end{bmatrix}[1 \quad -1] = \frac{1}{2}\begin{bmatrix} 1 & -1 \\ -1 & 1 \end{bmatrix} \tag{4.59}$$

　よって

$$\boldsymbol{d} = \left[\begin{bmatrix} 1 & 0 \\ 0 & 1 \end{bmatrix} - \frac{1}{2}\begin{bmatrix} 1 & -1 \\ -1 & 1 \end{bmatrix}\right]\boldsymbol{\alpha} = \frac{1}{2}\begin{bmatrix} 1 & 1 \\ 1 & 1 \end{bmatrix}\boldsymbol{\alpha} \tag{4.60}$$

　上式より，係数マトリクスの独立なベクトルは

$$\frac{1}{2}\begin{bmatrix} 1 \\ 1 \end{bmatrix} \tag{4.61}$$

となり，これを単位ベクトルとすることにより

$$\boldsymbol{d}_1 = \frac{\sqrt{2}}{2}\begin{bmatrix} 1 \\ 1 \end{bmatrix} \tag{4.62}$$

となる。また，上式に直交する単位ベクトルは

$$\boldsymbol{r}_2 = \frac{\sqrt{2}}{2}\begin{bmatrix} 1 \\ -1 \end{bmatrix} \tag{4.63}$$

である。上式を式(4.49)，(4.50)に代入すると

$$\boldsymbol{P}_L = \frac{\sqrt{2}}{2}\begin{bmatrix} 1 & 0 \\ 1 & 0 \end{bmatrix}\frac{2}{\sqrt{2}}\begin{bmatrix} 1 & 1 \\ 1 & -1 \end{bmatrix}^{-1} = \frac{1}{2}\begin{bmatrix} 1 & 1 \\ 1 & 1 \end{bmatrix} \tag{4.64}$$

$$\boldsymbol{P}_{L^\perp} = \frac{\sqrt{2}}{2}\begin{bmatrix} 0 & 1 \\ 0 & -1 \end{bmatrix}\frac{2}{\sqrt{2}}\begin{bmatrix} 1 & 1 \\ 1 & -1 \end{bmatrix}^{-1} = \frac{1}{2}\begin{bmatrix} 1 & -1 \\ -1 & 1 \end{bmatrix} \tag{4.65}$$

となり，上式は式(4.33)，(4.34)に対応している。また，式(4.64)，(4.65)より

$$\boldsymbol{P}_L + \boldsymbol{P}_{L^\perp} = \begin{bmatrix} 1 & 0 \\ 0 & 1 \end{bmatrix} \tag{4.66}$$

となり，式(4.51)を満足している。

次に，単位直交基底ベクトルを利用したときの射影マトリクスを導くために，変位の制約条件として次式を考える。

$$d_i = 0 \ , \qquad i = 1, \cdots, m \tag{4.67}$$

ここに，m は変位制約を受ける変位成分の数で，制約条件数である。式(4.53)に対応する制約条件マトリクスは次式の形になる。

$$[\boldsymbol{I}_m \quad \boldsymbol{O}] \begin{bmatrix} d_1 \\ \vdots \\ d_m \\ \cdots \\ d_{m+1} \\ \vdots \\ d_n \end{bmatrix} = \boldsymbol{0} \ , \qquad \boldsymbol{A} = [\boldsymbol{I}_m \quad \boldsymbol{O}] \tag{4.68}$$

上式および式(4.17)より，$\boldsymbol{d}$ および $\boldsymbol{r}$ は次式の形となる。

$$\boldsymbol{d} = \begin{bmatrix} 0 \\ \vdots \\ 0 \\ \cdots \\ d_{m+1} \\ \vdots \\ d_n \end{bmatrix} , \qquad \boldsymbol{r} = \begin{bmatrix} r_1 \\ \vdots \\ r_m \\ \cdots \\ 0 \\ \vdots \\ 0 \end{bmatrix} \tag{4.69}$$

ここで，部分空間 L とその直交補空間 $L^\perp$ の基底ベクトルとして，次式の単位直交基底ベクトルを採用する。

$$\boldsymbol{D} = [\boldsymbol{e}_{m+1} \cdots \boldsymbol{e}_n] \tag{4.70}$$

$$\boldsymbol{R} = [\boldsymbol{e}_1 \cdots \boldsymbol{e}_m] \tag{4.71}$$

上式と式(4.69)を比較することにより，$\boldsymbol{d} \in L$，$\boldsymbol{r} \in L^{\perp}$ を満足することがわかる。

$$\boldsymbol{P}_L \boldsymbol{r}_i = \boldsymbol{0} \ , \qquad i = 1, \cdots, m \tag{4.72}$$

$$\boldsymbol{P}_L \boldsymbol{d}_j = \boldsymbol{d}_j \ , \qquad j = 1, \cdots, l \tag{4.73}$$

上式をマトリクス表示すると

$$\boldsymbol{P}_L [\boldsymbol{R} \ \vdots \ \boldsymbol{D}] = [\boldsymbol{O} \ \vdots \ \boldsymbol{D}] \tag{4.74}$$

となる。ここで，$[\boldsymbol{R} \ \vdots \ \boldsymbol{D}]$ は非特異であるから

$$\boldsymbol{P}_L = [\boldsymbol{O} \ \vdots \ \boldsymbol{D}][\boldsymbol{R} \ \vdots \ \boldsymbol{D}]^{-1} = \begin{bmatrix} \boldsymbol{O} & \boldsymbol{O} \\ \boldsymbol{O} & \boldsymbol{I}_l \end{bmatrix}, \qquad l = n - m \tag{4.75}$$

$$\boldsymbol{P}_{L^{\perp}} = [\boldsymbol{R} \ \vdots \ \boldsymbol{O}][\boldsymbol{R} \ \vdots \ \boldsymbol{D}]^{-1} = \begin{bmatrix} \boldsymbol{I}_m & \boldsymbol{O} \\ \boldsymbol{O} & \boldsymbol{O} \end{bmatrix} \tag{4.76}$$

ここに，$\boldsymbol{I}_l$：(l, l) 型単位マトリクス，$\boldsymbol{I}_m$：(m, m) 型単位マトリクスである。

以上より，制約条件マトリクスが式(4.68)の形の場合には，式(4.75)，(4.76)の正射影マトリクスを用いることができる。

4.4　基本型方程式 2（Type-2）とその解法

Type-1 の解は唯一ではなかったが，唯一な解とするために，次式のような基本型方程式 2（Type-2）を採用する。

$$\boldsymbol{K}\boldsymbol{d} + \boldsymbol{r} = \boldsymbol{f} \tag{4.77}$$

$$\boldsymbol{A}\boldsymbol{d} = \boldsymbol{0}, \qquad \boldsymbol{r} = \boldsymbol{A}^T \boldsymbol{\lambda} \tag{4.78}$$

ここに，$\boldsymbol{\lambda}$ は任意のベクトルである。

Type-2 において直交性を調べると，式(4.78)より

$$\boldsymbol{d}^T \boldsymbol{r} = \boldsymbol{d}^T \boldsymbol{A}^T \boldsymbol{\lambda} = [\boldsymbol{A}\boldsymbol{d}]^T \boldsymbol{\lambda} = 0 \tag{4.79}$$

となり，式(4.78)は式(4.17)と等価であることがわかる。

ここで，Type-2 の物理的解釈について示す。式(4.77)，(4.78)は，次式で

与えられる制約条件付きの全ポテンシャルエネルギー関数の最小化問題から誘導される。

$$\Pi = \frac{1}{2}\boldsymbol{d}^T\boldsymbol{K}\boldsymbol{d} - \boldsymbol{f}^T\boldsymbol{d} \tag{4.80}$$

$$\boldsymbol{A}\boldsymbol{d} = \boldsymbol{0} \tag{4.81}$$

式(4.81)を制約条件とする式(4.80)の最小化問題の解法に，**ラグランジュ乗数法**（Lagrange multiplier method）を適用する。ラグランジュ乗数 $\boldsymbol{\lambda}$ を導入し，$\boldsymbol{d}$ と $\boldsymbol{\lambda}$ の（$n + m$）個を未知量とする制約条件なしの最小化問題に変換する。その場合の全ポテンシャルエネルギー関数は次式となる。

$$\Pi_k = \frac{1}{2}\boldsymbol{d}^T\boldsymbol{K}\boldsymbol{d} - \boldsymbol{f}^T\boldsymbol{d} + \boldsymbol{\lambda}^T\boldsymbol{A}\boldsymbol{d} \tag{4.82}$$

$\boldsymbol{d}$ と $\boldsymbol{\lambda}$ の各成分で偏微分し，零とおくことにより $\boldsymbol{d}$ と $\boldsymbol{\lambda}$ を未知量とする（$n + m$）個の連立方程式が得られる。つまり

$$\boldsymbol{K}\boldsymbol{d} - \boldsymbol{f} + \boldsymbol{A}^T\boldsymbol{\lambda} = \boldsymbol{0} \tag{4.83}$$

$$\boldsymbol{A}\boldsymbol{d} = \boldsymbol{0} \tag{4.84}$$

ここで

$$\boldsymbol{r} = \boldsymbol{A}^T\boldsymbol{\lambda} \tag{4.85}$$

とおくと，式(4.83)は次式となる。

$$\boldsymbol{K}\boldsymbol{d} + \boldsymbol{r} = \boldsymbol{f} \tag{4.86}$$

以上により，式(4.80)，(4.81)で与えられる制約条件付きの最小化問題は，式(4.86)，(4.84)で与えられる $\boldsymbol{d}$ と $\boldsymbol{r}$ を未知量とする連立方程式の解法に帰着された。

ここで，$\boldsymbol{r}$ の力学的意味を考える。$\boldsymbol{r} = \boldsymbol{0}$ の場合

$$\boldsymbol{d} = \boldsymbol{K}^{-1}\boldsymbol{f} \tag{4.87}$$

により変位が得られる。しかし，この変位は式(4.84)を一般的に満足しない。

また，$\boldsymbol{r} \neq \boldsymbol{0}$ の場合，式(4.86)より

$$\boldsymbol{d} = \boldsymbol{K}^{-1}[\boldsymbol{f} - \boldsymbol{r}] \tag{4.88}$$

となる。上式を式(4.84)に代入すると

$$\boldsymbol{AK}^{-1}[\boldsymbol{f} - \boldsymbol{r}] = \boldsymbol{0} \tag{4.89}$$

となる。つまり，$\boldsymbol{r}$ は付帯条件式(4.84)を満足させるための仮想の外力ということができる。

また，式(4.79)により直交性を保持しているので，式(4.77)，(4.78)は式(4.16)，(4.17)の特別な場合で，唯一の解が得られることがわかる。

式(4.77)，(4.78)の 2 通りの解法を 4.4.1 項および 4.4.2 項に示す。

4.4.1 通常の連立方程式による解法

式(4.83)より

$$\boldsymbol{Kd} + \boldsymbol{A}^T\boldsymbol{\lambda} = \boldsymbol{f} \tag{4.90}$$

である。式(4.90)と式(4.84)を次式の形にまとめる。

$$\begin{bmatrix} \boldsymbol{K} & \boldsymbol{A}^T \\ \boldsymbol{A} & \boldsymbol{O} \end{bmatrix} \begin{bmatrix} \boldsymbol{d} \\ \boldsymbol{\lambda} \end{bmatrix} = \begin{bmatrix} \boldsymbol{f} \\ \boldsymbol{0} \end{bmatrix} \tag{4.91}$$

式(4.90)より

$$\boldsymbol{Kd} = \boldsymbol{f} - \boldsymbol{A}^T\boldsymbol{\lambda} \tag{4.92}$$

$$\boldsymbol{d} = \boldsymbol{K}^{-1}[\boldsymbol{f} - \boldsymbol{A}^T\boldsymbol{\lambda}] \tag{4.93}$$

となる。上式を式(4.84)に代入し，$\boldsymbol{\lambda}$ について解くと

$$\boldsymbol{AK}^{-1}[\boldsymbol{f} - \boldsymbol{A}^T\boldsymbol{\lambda}] = \boldsymbol{0} \tag{4.94}$$

$$[\boldsymbol{AK}^{-1}\boldsymbol{A}^T]\boldsymbol{\lambda} = \boldsymbol{AK}^{-1}\boldsymbol{f} \tag{4.95}$$

$$\boldsymbol{\lambda} = [\boldsymbol{AK}^{-1}\boldsymbol{A}^T]^{-1}\boldsymbol{AK}^{-1}\boldsymbol{f} \tag{4.96}$$

となる。

したがって，$\boldsymbol{r}$ は

$$\boldsymbol{r} = \boldsymbol{A}^T\boldsymbol{\lambda} = \boldsymbol{A}^T[\boldsymbol{AK}^{-1}\boldsymbol{A}^T]^{-1}\boldsymbol{AK}^{-1}\boldsymbol{f} \tag{4.97}$$

上式を式(4.93)に代入し，$\boldsymbol{d}$ について解くと

$$\boldsymbol{d} = [\boldsymbol{K}^{-1} - \boldsymbol{K}^{-1}\boldsymbol{A}^T[\boldsymbol{AK}^{-1}\boldsymbol{A}^T]^{-1}\boldsymbol{AK}^{-1}]\boldsymbol{f} \tag{4.98}$$

となる。しかし，$\det(\boldsymbol{K}) = 0$ の場合は式(4.97)，(4.98)を用いて解を求めることができない。

◀ **例 4.4** ▶

上記の解法により，次の Type-2 の問題を解く。

$$\begin{bmatrix} 2 & -1 \\ -1 & 1 \end{bmatrix}\begin{bmatrix} d_1 \\ d_2 \end{bmatrix} + \begin{bmatrix} r_1 \\ r_2 \end{bmatrix} = \begin{bmatrix} 1 \\ 1 \end{bmatrix} \tag{4.99}$$

$$[1 \quad -1]\begin{bmatrix} d_1 \\ d_2 \end{bmatrix} = 0 \tag{4.100}$$

▶ **解**　まず，λ について解くと

$$\boldsymbol{K}^{-1} = \begin{bmatrix} 2 & -1 \\ -1 & 1 \end{bmatrix}^{-1} = \begin{bmatrix} 1 & 1 \\ 1 & 2 \end{bmatrix} \tag{4.101}$$

$$\lambda = \left[[1 \quad -1]\begin{bmatrix} 1 & 1 \\ 1 & 2 \end{bmatrix}\begin{bmatrix} 1 \\ -1 \end{bmatrix} \right]^{-1} [1 \quad -1]\begin{bmatrix} 1 & 1 \\ 1 & 2 \end{bmatrix}\begin{bmatrix} 1 \\ 1 \end{bmatrix} = -1 \tag{4.102}$$

したがって

$$\boldsymbol{r} = \boldsymbol{A}^T\lambda = \begin{bmatrix} 1 \\ -1 \end{bmatrix}(-1) = \begin{bmatrix} -1 \\ 1 \end{bmatrix} \tag{4.103}$$

また，上式を式(4.93)に代入すると，変位は次のように求められる。

$$\boldsymbol{d} = \boldsymbol{K}^{-1}[\boldsymbol{f} - \boldsymbol{A}^T\lambda] = \begin{bmatrix} 1 & 1 \\ 1 & 2 \end{bmatrix}\left[\begin{bmatrix} 1 \\ 1 \end{bmatrix} - \begin{bmatrix} -1 \\ 1 \end{bmatrix}\right] = \begin{bmatrix} 2 \\ 2 \end{bmatrix} \tag{4.104}$$

式(4.103)，(4.104)は，［**例 4.2**］の式(4.41)，(4.40)に対応している。

4.4.2 ボット・ダフィン逆行列を用いる解法

制約条件マトリクスが式(4.68)の形の場合には，式(4.75)，(4.76)の正射影マトリクスを用いることができる。そこで，一般的に与えられた制約条件マトリクスを，基本変形を利用して式(4.68)の形に変換する。すなわち

$$\boldsymbol{PAQ} = [\boldsymbol{I}_m \quad \boldsymbol{O}] \tag{4.105}$$

となる。ここに，$\boldsymbol{P}$：基本マトリクスの積として得られる (m, m) 型正則マトリクス，$\boldsymbol{Q}$：基本マトリクスの積として得られる (n, n) 型正則マトリクスである。

基本変形により求められた $\boldsymbol{Q}$ を利用して，次の座標変換を行う。

$$\boldsymbol{d} = \boldsymbol{Q}\,\boldsymbol{u} \tag{4.106}$$

上式を式(4.77)に代入すると

$$\boldsymbol{K}\boldsymbol{Q}\,\boldsymbol{u} + \boldsymbol{r} = \boldsymbol{f} \tag{4.107}$$

となる。両辺に左側から $\boldsymbol{Q}^T$ を掛けると

$$\boldsymbol{Q}^T\boldsymbol{K}\boldsymbol{Q}\,\boldsymbol{u} + \boldsymbol{Q}^T\boldsymbol{r} = \boldsymbol{Q}^T\boldsymbol{f} \tag{4.108}$$

となる。ここで

$$\bar{\boldsymbol{K}} = \boldsymbol{Q}^T\boldsymbol{K}\boldsymbol{Q} \tag{4.109}$$

$$\boldsymbol{t} = \boldsymbol{Q}^T\boldsymbol{r} \tag{4.110}$$

$$\boldsymbol{s} = \boldsymbol{Q}^T\boldsymbol{f} \tag{4.111}$$

とおくと，式(4.108)は

$$\bar{\boldsymbol{K}}\boldsymbol{u} + \boldsymbol{t} = \boldsymbol{s} \tag{4.112}$$

となり，式(4.77)と同じ形式となる。

また，式(4.106)を式(4.84)に代入し，左側から $\boldsymbol{P}$ を掛けると

$$\boldsymbol{P}\boldsymbol{A}\boldsymbol{Q}\,\boldsymbol{u} = \boldsymbol{0} \tag{4.113}$$

ここで

$$\boldsymbol{B} = \boldsymbol{P}\boldsymbol{A}\boldsymbol{Q} \tag{4.114}$$

とおくと

$$\boldsymbol{B}\,\boldsymbol{u} = \boldsymbol{0}\ , \qquad \boldsymbol{B} = [\boldsymbol{I}_m \quad \boldsymbol{O}] \tag{4.115}$$

となり，式(4.78)と同じ形式となる。

したがって，Type-2 は，制約条件マトリクスに基本操作を施すことにより，次式の基本型方程式 3（Type-3）に帰着される。

$$\bar{\boldsymbol{K}}\boldsymbol{u} + \boldsymbol{t} = \boldsymbol{s} \tag{4.116}$$

$$\boldsymbol{B}\,\boldsymbol{u} = \boldsymbol{0}\ , \qquad \boldsymbol{B} = [\boldsymbol{I}_m \quad \boldsymbol{O}]\ , \qquad \boldsymbol{t} = \boldsymbol{B}^T\boldsymbol{\lambda} \tag{4.117}$$

ここに，$\boldsymbol{\lambda}$ は任意のベクトルである。

4.5　基本型方程式 3（Type-3）とその解法

式(4.116)，(4.117)の基本型方程式 3（Type-3）を再記すると

$$\bar{\boldsymbol{K}}\boldsymbol{u} + \boldsymbol{t} = \boldsymbol{s} \tag{4.118}$$

$$\boldsymbol{B}\,\boldsymbol{u} = 0\ , \qquad \boldsymbol{B} = [\boldsymbol{I}_m \quad \boldsymbol{O}]\ , \qquad \boldsymbol{t} = \boldsymbol{B}^T\boldsymbol{\lambda} \tag{4.119}$$

ここに，$\boldsymbol{\lambda}$ は任意のベクトルである。

Type-3 において，$\boldsymbol{u}$ と $\boldsymbol{t}$ の直交性を調べると

$$\boldsymbol{u}^T\boldsymbol{t} = \boldsymbol{u}^T\boldsymbol{B}^T\boldsymbol{\lambda} = [\boldsymbol{B}\,\boldsymbol{u}]^T\boldsymbol{\lambda} = 0 \tag{4.120}$$

となり，式(4.120)は式(4.17)と等価であることがわかる。したがって，ボット・ダフィン逆行列を用いることができる。$\boldsymbol{a}$ を任意のベクトルとすれば

$$\boldsymbol{u} = \boldsymbol{P}_L\,\boldsymbol{a} \tag{4.121}$$

$$\boldsymbol{t} = \boldsymbol{P}_{L^\perp}\,\boldsymbol{a} \tag{4.122}$$

上式を式(4.118)に代入し，$\boldsymbol{a}$ について解くと

$$\bar{\boldsymbol{K}}\boldsymbol{P}_L\,\boldsymbol{a} + \boldsymbol{P}_{L^\perp}\,\boldsymbol{a} = \boldsymbol{s} \tag{4.123}$$

$$[\bar{\boldsymbol{K}}\boldsymbol{P}_L + \boldsymbol{P}_{L^\perp}]\boldsymbol{a} = \boldsymbol{s} \tag{4.124}$$

$$\boldsymbol{a} = [\bar{\boldsymbol{K}}\boldsymbol{P}_L + \boldsymbol{P}_{L^\perp}]^{-1}\boldsymbol{s} \tag{4.125}$$

上式を式(4.121)，(4.122)に代入すると

$$\boldsymbol{u} = \boldsymbol{P}_L\,[\bar{\boldsymbol{K}}\boldsymbol{P}_L + \boldsymbol{P}_{L^\perp}]^{-1}\boldsymbol{s} \tag{4.126}$$

$$\boldsymbol{t} = \boldsymbol{P}_{L^\perp}\,[\bar{\boldsymbol{K}}\boldsymbol{P}_L + \boldsymbol{P}_{L^\perp}]^{-1}\boldsymbol{s} \tag{4.127}$$

式(4.126)を式(4.106)に代入して

$$\boldsymbol{d} = \boldsymbol{Q}\,\boldsymbol{u} = \boldsymbol{Q}\boldsymbol{P}_L\,[\bar{\boldsymbol{K}}\boldsymbol{P}_L + \boldsymbol{P}_{L^\perp}]^{-1}\boldsymbol{s} \tag{4.128}$$

となる。また，式(4.127)と式(4.110)より

$$\boldsymbol{r} = (\boldsymbol{Q}^T)^{-1}\boldsymbol{t} = (\boldsymbol{Q}^T)^{-1}\boldsymbol{P}_{L^\perp}\,[\bar{\boldsymbol{K}}\boldsymbol{P}_L + \boldsymbol{P}_{L^\perp}]^{-1}\boldsymbol{s} \tag{4.129}$$

◀ **例 4.5** ▶

次の Type-2 の問題を Type-3 に帰着させて，ボット・ダフィン逆行列を用いて解く。

$$\begin{bmatrix} 2 & -1 \\ -1 & 1 \end{bmatrix}\begin{bmatrix} d_1 \\ d_2 \end{bmatrix} + \begin{bmatrix} r_1 \\ r_2 \end{bmatrix} = \begin{bmatrix} 1 \\ 1 \end{bmatrix} \tag{4.130}$$

$$[1 \quad -1]\begin{bmatrix} d_1 \\ d_2 \end{bmatrix} = 0 \tag{4.131}$$

▶ **解**　まず，式(4.131)の制約条件マトリクスに基本変形を施し，Type-3 に帰着させる。基本変形によって得られる正則マトリクス $\boldsymbol{P}$，および $\boldsymbol{Q}$ は

$$\boldsymbol{P} = 1 \tag{4.132}$$

$$\boldsymbol{Q} = \begin{bmatrix} 1 & 1 \\ 0 & 1 \end{bmatrix} \tag{4.133}$$

と求まる。式(4.114)を作ると

$$\boldsymbol{B} = \boldsymbol{PAQ} = 1\begin{bmatrix} 1 & -1 \end{bmatrix}\begin{bmatrix} 1 & 1 \\ 0 & 1 \end{bmatrix} = \begin{bmatrix} 1 & 0 \end{bmatrix} \tag{4.134}$$

となり，式(4.105)の形式になっている。

$$\overline{\boldsymbol{K}} = \boldsymbol{Q}^T\boldsymbol{KQ} = \begin{bmatrix} 1 & 0 \\ 1 & 1 \end{bmatrix}\begin{bmatrix} 2 & -1 \\ -1 & 1 \end{bmatrix}\begin{bmatrix} 1 & 1 \\ 0 & 1 \end{bmatrix} = \begin{bmatrix} 2 & 1 \\ 1 & 1 \end{bmatrix} \tag{4.135}$$

$$\boldsymbol{s} = \boldsymbol{Q}^T\boldsymbol{f} = \begin{bmatrix} 1 & 0 \\ 1 & 1 \end{bmatrix}\begin{bmatrix} 1 \\ 1 \end{bmatrix} = \begin{bmatrix} 1 \\ 2 \end{bmatrix} \tag{4.136}$$

また，正射影マトリクスは，式(4.75)，(4.76)を用いればよいので

$$\boldsymbol{P}_L = \begin{bmatrix} 0 & 0 \\ 0 & 1 \end{bmatrix} \tag{4.137}$$

$$\boldsymbol{P}_{L^\perp} = \begin{bmatrix} 1 & 0 \\ 0 & 0 \end{bmatrix} \tag{4.138}$$

である。

$$[\overline{\boldsymbol{K}}\boldsymbol{P}_L + \boldsymbol{P}_{L^\perp}]^{-1} = \left[\begin{bmatrix} 2 & 1 \\ 1 & 1 \end{bmatrix}\begin{bmatrix} 0 & 0 \\ 0 & 1 \end{bmatrix} + \begin{bmatrix} 1 & 0 \\ 0 & 0 \end{bmatrix}\right]^{-1} = \begin{bmatrix} 1 & -1 \\ 0 & 1 \end{bmatrix} \tag{4.139}$$

式(4.128)に式(4.133)，(4.137)，(4.139)，(4.136)を代入すると

$$\boldsymbol{d} = \begin{bmatrix} 1 & 1 \\ 0 & 1 \end{bmatrix}\begin{bmatrix} 0 & 0 \\ 0 & 1 \end{bmatrix}\begin{bmatrix} 1 & -1 \\ 0 & 1 \end{bmatrix}\begin{bmatrix} 1 \\ 2 \end{bmatrix} = \begin{bmatrix} 2 \\ 2 \end{bmatrix} \tag{4.140}$$

また，$\boldsymbol{Q}$ は正則マトリクスなので

$$(\boldsymbol{Q}^T)^{-1} = \left[\begin{bmatrix} 1 & 1 \\ 0 & 1 \end{bmatrix}^T\right]^{-1} = \begin{bmatrix} 1 & 0 \\ -1 & 1 \end{bmatrix} \tag{4.141}$$

式(4.129)に式(4.141)，(4.138)，(4.139)，(4.136)を代入すると

$$\boldsymbol{r} = \begin{bmatrix} 1 & 0 \\ -1 & 1 \end{bmatrix}\begin{bmatrix} 1 & 0 \\ 0 & 0 \end{bmatrix}\begin{bmatrix} 1 & -1 \\ 0 & 1 \end{bmatrix}\begin{bmatrix} 1 \\ 2 \end{bmatrix} = \begin{bmatrix} -1 \\ 1 \end{bmatrix} \tag{4.142}$$

と解が求められる。式(4.140)，(4.142)は，通常の連立方程式による解法で求められた式(4.104)，(4.103)とまったく同じである。

ボット・ダフィン逆行列を用いる解法の特徴は，$\det(\boldsymbol{K}) \neq 0$，$\det(\boldsymbol{K}) = 0$ にかかわらず，$\boldsymbol{d}$ と $\boldsymbol{r}$ をそれぞれ別々に求めることができる点にある。

◀ **例 4.6** ▶

［**例 4.5**］の全ポテンシャルエネルギーを求める。

▶ **解**　全ポテンシャルエネルギー関数は，式(4.82)より

$$\Pi_k = \frac{1}{2}\boldsymbol{d}^T\boldsymbol{K}\boldsymbol{d} - \boldsymbol{f}^T\boldsymbol{d} + \boldsymbol{\lambda}^T\boldsymbol{A}\boldsymbol{d} \tag{4.143}$$

式(4.131)の題意から，$\boldsymbol{A}\boldsymbol{d} = \boldsymbol{0}$ なので，右辺第 3 項は 0 となる。

式(4.143)に式(4.140)の $\boldsymbol{d}$ を代入すると

$$\Pi_k = \frac{1}{2}[2 \quad 2]^T\begin{bmatrix} 2 & -1 \\ -1 & 1 \end{bmatrix}\begin{bmatrix} 2 \\ 2 \end{bmatrix} - [1 \quad 1]^T\begin{bmatrix} 2 \\ 2 \end{bmatrix} = -2 \tag{4.144}$$

また，$\boldsymbol{d}$ と $\boldsymbol{r}$ の直交性を調べると

$$\boldsymbol{d}^T\boldsymbol{r} = [2 \quad 2]\begin{bmatrix} -1 \\ 1 \end{bmatrix} = 0 \tag{4.145}$$

となる。

ここで，式(4.131)だけを満足する $\boldsymbol{d}$ を任意に設定し，全ポテンシャルエネルギーとその際の $\boldsymbol{r}$ を求め，制御力のなした仕事，および変位と制御力の直交性について確認する。

例えば，$\begin{bmatrix} d_1 \\ d_2 \end{bmatrix} = \begin{bmatrix} 0 \\ 0 \end{bmatrix}$ の場合は

$$\Pi_k = 0 \tag{4.146}$$

$$\boldsymbol{r} = \boldsymbol{f} - \boldsymbol{K}\boldsymbol{d} = \begin{bmatrix} 1 \\ 1 \end{bmatrix} \tag{4.147}$$

$$\boldsymbol{d}^T\boldsymbol{r} = 0 \tag{4.148}$$

となる。以下に，制約変位に対する全ポテンシャルエネルギーを**図 4.1** に示し，制御力のなした仕事を**図 4.2** に示す。

したがって，単に $\boldsymbol{A}\boldsymbol{d} = \boldsymbol{0}$ だけを満足する $\boldsymbol{d}$ とその際の $\boldsymbol{r}$ のなす仕事は，一般に 0 ではないことが図 4.2 から容易に理解することができる。すなわち，$\boldsymbol{d}^T\boldsymbol{r} \neq 0$ である。

一方，$\boldsymbol{A}\boldsymbol{d} = \boldsymbol{0}$ および式(4.82)の停留値問題から導かれる制御力を $\boldsymbol{r} = \boldsymbol{A}^T\boldsymbol{\lambda}$ とした場合は，$\boldsymbol{d}^T\boldsymbol{\lambda} = 0$ となる。この例題の場合は，$d_1 = d_2 = 2\mathrm{cm}$ の場合が $\boldsymbol{d}^T\boldsymbol{r} = 0$ を満足し，かつ全ポテンシャルエネルギー最小の唯一の解であることが，図 4.1 か

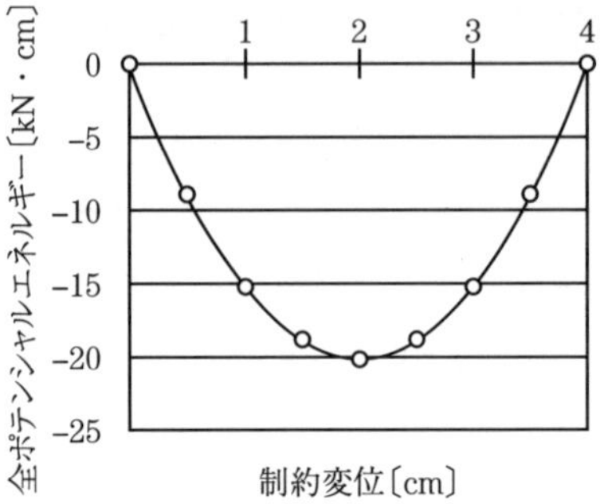

図 4.1　全ポテンシャルエネルギー

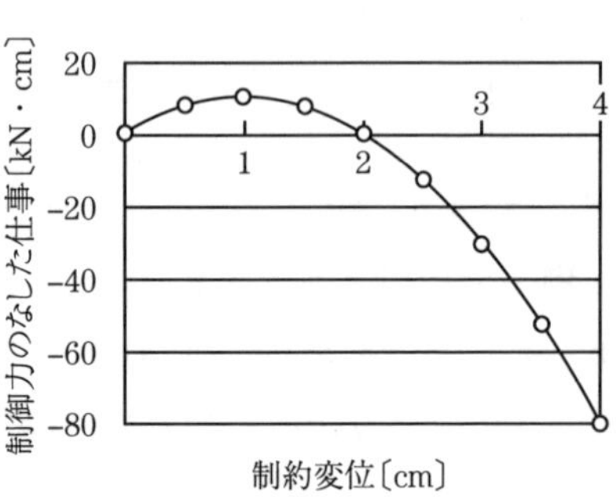

図 4.2　制御力のなした仕事

ら理解することができる。

4.6　基本型方程式 4（Type-4）

次式のような基本型方程式 4（Type-4）を考える。Type-2 との違いは，式(4.78)の右辺の制約条件ベクトルが $\mathbf{0}$ ではなく，任意のベクトル $\boldsymbol{g}$ となっていることである。

$$\boldsymbol{Kd} + \boldsymbol{r} = \boldsymbol{f} \tag{4.149}$$

$$\boldsymbol{Ad} = \boldsymbol{g} \ , \qquad \boldsymbol{r} = \boldsymbol{A}^T\boldsymbol{\lambda} \tag{4.150}$$

ここに，$\boldsymbol{\lambda}$ は任意のベクトルである。

ここで，次式のような新しい変数 $\boldsymbol{z}$ を導入し，$\boldsymbol{d}$ を次式で $\boldsymbol{z}$ に変換する。

$$\boldsymbol{z} = \boldsymbol{d} - \boldsymbol{A}^+\boldsymbol{g} \tag{4.151}$$

ここに，$\boldsymbol{A}^+$ は式(4.55)で与えられる $\boldsymbol{A}$ の一般逆行列である。

式(4.151)を式(4.150)に代入すると

$$\boldsymbol{A}[\boldsymbol{z} + \boldsymbol{A}^+\boldsymbol{g}] = \boldsymbol{g} \tag{4.152}$$

$$\boldsymbol{Az} + \boldsymbol{AA}^+\boldsymbol{g} = \boldsymbol{g} \tag{4.153}$$

式(4.56)の一般逆行列の性質から

$$\boldsymbol{Az} + \boldsymbol{Ig} = \boldsymbol{g} \tag{4.154}$$

$$\boldsymbol{Az} = \boldsymbol{0} \tag{4.155}$$

また，式(4.151)を式(4.149)に代入すると

$$\boldsymbol{K}[\boldsymbol{z} + \boldsymbol{A}^{+}\boldsymbol{g}] + \boldsymbol{r} = \boldsymbol{f} \tag{4.156}$$

$$\boldsymbol{Kz} + \boldsymbol{r} = \boldsymbol{f} - \boldsymbol{KA}^{+}\boldsymbol{g} \tag{4.157}$$

ここで

$$\boldsymbol{h} = \boldsymbol{f} - \boldsymbol{KA}^{+}\boldsymbol{g} \tag{4.158}$$

とおくと，式(4.156)は

$$\boldsymbol{Kz} + \boldsymbol{r} = \boldsymbol{h} \tag{4.159}$$

となり，やはり Type-2 の式(4.77)と同じ形式となる。

以上により，式(4.149)，(4.150)の Type-4 は，次式のような基本型方程式 5（Type-5）に帰着される。

$$\boldsymbol{Kz} + \boldsymbol{r} = \boldsymbol{h}\ , \qquad \boldsymbol{h} = \boldsymbol{f} - \boldsymbol{KA}^{+}\boldsymbol{g} \tag{4.160}$$

$$\boldsymbol{Az} = \boldsymbol{0}\ , \qquad \boldsymbol{r} = \boldsymbol{A}^{T}\boldsymbol{\lambda} \tag{4.161}$$

4.7　基本型方程式 5（Type-5）

式(4.160)，(4.161)の基本型方程式 5（Type-5）を再記すると

$$\boldsymbol{Kz} + \boldsymbol{r} = \boldsymbol{h}\ , \qquad \boldsymbol{h} = \boldsymbol{f} - \boldsymbol{KA}^{+}\boldsymbol{g} \tag{4.162}$$

$$\boldsymbol{Az} = \boldsymbol{0}\ , \qquad \boldsymbol{r} = \boldsymbol{A}^{T}\boldsymbol{\lambda} \tag{4.163}$$

である。ここに，$\boldsymbol{\lambda}$ は任意のベクトルである。

ここで，Type-5 の $\boldsymbol{z}$ と $\boldsymbol{r}$ の直交性を示す。式(4.163)より

$$\boldsymbol{z}^{T}\boldsymbol{r} = \boldsymbol{z}^{T}\boldsymbol{A}^{T}\boldsymbol{\lambda} = [\boldsymbol{Az}]^{T}\boldsymbol{\lambda} = 0 \tag{4.164}$$

したがって，ボット・ダフィン逆行列を用いて解くことができる。次に，制約条件マトリクスに基本変形を施し，式(4.105)の形式にすることを考える。

$$\boldsymbol{z} = \boldsymbol{Q}\ \boldsymbol{v} \tag{4.165}$$

式(4.165)を式(4.162)に代入すると

$$\boldsymbol{KQ}\ \boldsymbol{v} + \boldsymbol{r} = \boldsymbol{h} \tag{4.166}$$

となる。上式の両辺に左側から $\boldsymbol{Q}^{T}$ を掛けると

$$\boldsymbol{Q}^T\boldsymbol{K}\boldsymbol{Q}\boldsymbol{v} + \boldsymbol{Q}^T\boldsymbol{r} = \boldsymbol{Q}^T\boldsymbol{h} \tag{4.167}$$

となる。ここで

$$\bar{\boldsymbol{K}} = \boldsymbol{Q}^T\boldsymbol{K}\boldsymbol{Q} \tag{4.168}$$

$$\boldsymbol{b} = \boldsymbol{Q}^T\boldsymbol{r} \tag{4.169}$$

$$\boldsymbol{w} = \boldsymbol{Q}^T\boldsymbol{h} \tag{4.170}$$

とおくと，式(4.167)は

$$\bar{\boldsymbol{K}}\boldsymbol{v} + \boldsymbol{b} = \boldsymbol{w} \tag{4.171}$$

となり，やはり Type-2 の式(4.77)と同じ形式となる。

また，式(4.163)に式(4.165)を代入し，左側から $\boldsymbol{P}$ を掛けると

$$\boldsymbol{P}\boldsymbol{A}\boldsymbol{Q}\boldsymbol{v} = \boldsymbol{0} \tag{4.172}$$

ここで，式(4.114)より

$$\boldsymbol{B} = \boldsymbol{P}\boldsymbol{A}\boldsymbol{Q} \tag{4.173}$$

であるため

$$\boldsymbol{B}\boldsymbol{v} = \boldsymbol{0}\ , \qquad \boldsymbol{B} = [\boldsymbol{I}_m \quad \boldsymbol{O}] \tag{4.174}$$

となり，式(4.78)と同じ形式になる。

したがって，Type-5 は，制約条件マトリクスに基本操作を施すことにより，次式の基本型方程式 6（Type-6）に帰着される。なお，Type-6 は，Type-3 とまったく同一の形式であることがわかる。

$$\bar{\boldsymbol{K}}\boldsymbol{v} + \boldsymbol{b} = \boldsymbol{w} \tag{4.175}$$

$$\boldsymbol{B}\boldsymbol{v} = \boldsymbol{O}\ , \qquad \boldsymbol{B} = [\boldsymbol{I} \quad \boldsymbol{O}]\ , \qquad \boldsymbol{b} = \boldsymbol{B}^T\boldsymbol{\lambda} \tag{4.176}$$

4.8 基本型方程式 6（Type-6）とその解法

式(4.175)，(4.176)の基本型方程式 6（Type-6）を再記すると

$$\bar{\boldsymbol{K}}\boldsymbol{v} + \boldsymbol{b} = \boldsymbol{w} \tag{4.177}$$

$$\boldsymbol{B}\boldsymbol{v} = \boldsymbol{0}\ , \qquad \boldsymbol{B} = [\boldsymbol{I}_m \quad \boldsymbol{O}]\ , \qquad \boldsymbol{b} = \boldsymbol{B}^T\boldsymbol{\lambda} \tag{4.178}$$

となる。ここに，$\boldsymbol{\lambda}$ は任意のベクトルである。

ここで，Type-6 の $\boldsymbol{v}$ と $\boldsymbol{b}$ の直交性を示す。式(4.178)より

$$\boldsymbol{v}^T\boldsymbol{b} = \boldsymbol{v}^T\boldsymbol{B}^T\boldsymbol{\lambda} = [\boldsymbol{B}\boldsymbol{v}]^T\boldsymbol{\lambda} = 0 \tag{4.179}$$

したがって，ボット・ダフィン逆行列を用いて解くことができる。$\boldsymbol{a}$ を任意のベクトルとすれば

$$\boldsymbol{v} = \boldsymbol{P}_L\,\boldsymbol{a} \tag{4.180}$$

$$\boldsymbol{b} = \boldsymbol{P}_{L^\perp}\,\boldsymbol{a} \tag{4.181}$$

上式を式(4.177)に代入すると

$$\bar{\boldsymbol{K}}\boldsymbol{P}_L\,\boldsymbol{a} + \boldsymbol{P}_{L^\perp}\,\boldsymbol{a} = \boldsymbol{w} \tag{4.182}$$

$$[\bar{\boldsymbol{K}}\boldsymbol{P}_L + \boldsymbol{P}_{L^\perp}]\boldsymbol{a} = \boldsymbol{w} \tag{4.183}$$

$$\boldsymbol{a} = [\bar{\boldsymbol{K}}\boldsymbol{P}_L + \boldsymbol{P}_{L^\perp}]^{-1}\boldsymbol{w} \tag{4.184}$$

上式を式(4.180)，(4.181)に代入すると

$$\boldsymbol{v} = \boldsymbol{P}_L\,[\bar{\boldsymbol{K}}\boldsymbol{P}_L + \boldsymbol{P}_{L^\perp}]^{-1}\boldsymbol{w} \tag{4.185}$$

$$\boldsymbol{b} = \boldsymbol{P}_{L^\perp}\,[\bar{\boldsymbol{K}}\boldsymbol{P}_L + \boldsymbol{P}_{L^\perp}]^{-1}\boldsymbol{w} \tag{4.186}$$

式(4.185)を式(4.165)に代入し

$$\boldsymbol{z} = \boldsymbol{Q}\boldsymbol{P}_L\,[\bar{\boldsymbol{K}}\boldsymbol{P}_L + \boldsymbol{P}_{L^\perp}]^{-1}\boldsymbol{w} \tag{4.187}$$

さらに，上式を式(4.151)に代入して

$$\boldsymbol{d} = \boldsymbol{z} + \boldsymbol{A}^+\boldsymbol{g} = \boldsymbol{Q}\boldsymbol{P}_L\,[\bar{\boldsymbol{K}}\boldsymbol{P}_L + \boldsymbol{P}_{L^\perp}]^{-1}\boldsymbol{w} + \boldsymbol{A}^+\boldsymbol{g} \tag{4.188}$$

となる。また，式(4.169)と式(4.186)より

$$\boldsymbol{r} = (\boldsymbol{Q}^T)^{-1}\boldsymbol{b} = (\boldsymbol{Q}^T)^{-1}\boldsymbol{P}_{L^\perp}\,[\bar{\boldsymbol{K}}\boldsymbol{P}_L + \boldsymbol{P}_{L^\perp}]^{-1}\boldsymbol{w} \tag{4.189}$$

と求まる。

したがって，制約条件ベクトルに具体的な数値がある場合，すなわち $\boldsymbol{g} \neq \boldsymbol{0}$ についても，Type-3 と同一の形式に帰着させることで，ボット・ダフィン逆行列を用いた自動化解法が可能となる。

5 ボット・ダフィン逆行列による変位制約を伴う構造解析

5.1 既往の研究の概説

5.1.1 静的解析への応用例

日本国内では半谷[1)†]が，制約条件付き連立方程式の解法として，ボット・ダフィン逆行列を用いる方法を建築構造分野で最初に紹介している。この解法は，不等式制約条件を持つ最大・最小問題に拡張され，また，ボット・ダフィン逆行列と一般逆行列を結合することにより，構造物の弾塑性問題の解析が可能になるなど，その応用範囲の広いことが述べられている。その後も半谷[2),3),4),5)]は，形態解析技術が構造物の設計行為（構造物の創生）において，有用なツールとなる可能性を秘めているとして，与えられた荷重条件のもとで，指定した変位，あるいは変位モードが得られる形態決定問題の一つの解法としてのボット・ダフィン逆行列を用いる解法について，その理論と応用解析例を示している。

1995 年 10 月に日本計算工学会第 1 研究分科会「形態非線形問題の調査・研究」が発足し，2000 年 3 月までにボット・ダフィン逆行列とその応用について産学協同により多くの研究成果[6),7),8)]を挙げてきたが，その前身である計算工学研究会第 1 研究分科会「形態非線形問題の数値解析法とその応用」[9)]は，「ボット・ダフィン逆行列による変位拘束を持つ構造物の解析」として，ボット・ダフィン逆行列の基礎理論，およびいくつかの解析例（片持ち梁の大変形解

† 肩付き番号は巻末の参考文献番号を示す。

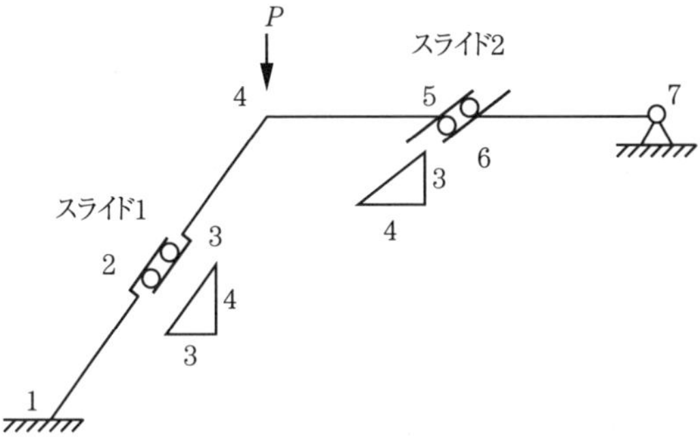

図 5.1 スライド断面を持つ構造

析，スライド断面を持つ構造の解析（**図 5.1**），変位拘束を持つ立体トラス構造の解析，変位拘束を持つ膜構造の解析）を示している。

半谷・関[10]は，**図 5.2** に示すような節点変位がガイドもしくは剛体との接触によって規定される変位制約を伴うトラス構造の解析例を示している。大スパン構造物や宇宙構造物など大変位の生じる柔らかい構造物の構造解析に変位制約がある場合には，ボット・ダフィン逆行列を有効に用いることができるとしている。

半谷ら[11]は，文献 10）に引き続き，変位制限体の存在する場合の膜構造の

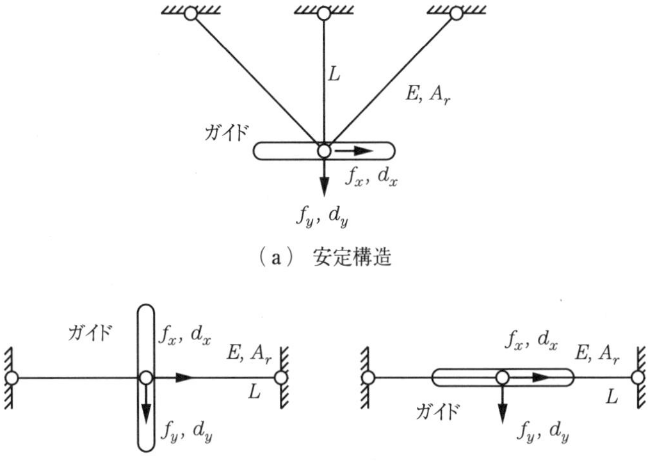

（a） 安定構造

（b） 不安定構造　（c） 安定化される構造

図 5.2 変位制限のあるトラス構造の例

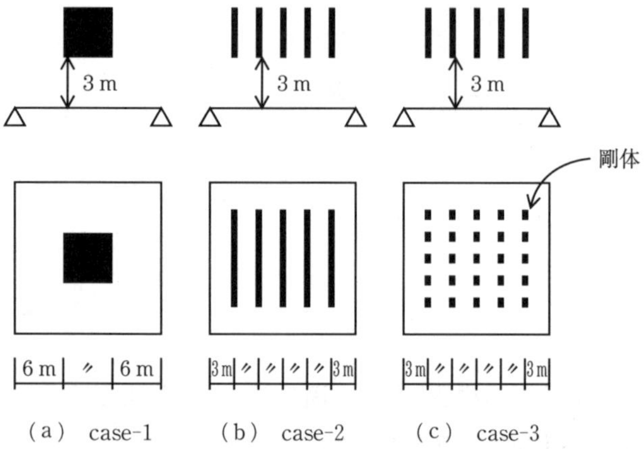

図 5.3　変位制限を持つ膜構造物と変位制限体の配置

大変形解析を行っている。**図 5.3** に示すような，周辺固定膜に内圧を漸次加えたときに膜変位がある位置まで達するとケーブルなどの剛体と接触し，部分的に変位拘束を受ける**接触問題**（contact problem）の解析にボット・ダフィン逆行列を応用している。

半谷・原田[12]は，「指定された荷重下において，構造あるいは構造の一部が変形前，後において指定した形状と同一，すなわち**ホモロガス変形**（homorogous deformation）となるような構造形態を決定すること」を目的とした形態解析法に，ボット・ダフィン逆行列を応用している。ここでの数値解析例は，変位モード指定下の平面トラス構造の構造形態解析であり，指定した変位モードを満足する構造形態，すなわち節点座標値を求める問題が扱われている。

原田・半谷[13]は，文献 12）と同様に，ホモロガス変形を制約条件とする形態解析法にボット・ダフィン逆行列を用いた解析理論，および数値解析例を示している。ここでは，形態解析法を構造解析における逆問題の一つとして，それが高度な非線形問題であり，解の唯一性が成立しない（複数の解形態が存在する）ことを平面トラスの数値解析例により示している。

金井・半谷[14]は，アクチュエータを構造に組み込むことによって，構造の形状を環境条件によって制御する形態制御構造を扱っている。形態制御構造では，指定した形状（例えば，ホモロガス変形）を保持するためのアクチュエータの配置が設計時の課題であるとして，ここでは，平面トラス構造を採用し，アクチュエータの配置を理論的に求める方法を提案している。

金井・半谷[15]は，文献 14）と同様に，形態制御構造に平面トラス構造を採用したアクチュエータの配置理論およびボット・ダフィン逆行列を用いた変位制御理論を示しているが，ここでのアクチュエータの配置目標としては，アクチュエータの本数を最小にする場合を扱っている。

金井・半谷[16]は，アクチュエータの部材長を指定した制御トラスの形態解析法を示している。また，平面トラスの数値解析例で求められた形態が，文献 16）のアクチュエータの配置理論で求められた解形態と一致していることを示している。

5.1.2 動的解析への応用例

〔1〕 形態制御構造（おもに平面トラス）への応用　金井・半谷[17]は，動的構造システムの形態制御解析として，指定した形状を保持しながら振動させるための形態制御手法を紹介しており，ボット・ダフィン逆行列を動的解析へ応用した先駆者である。以後，動的な形態制御に対して，ボット・ダフィン逆行列の応用研究を継続的かつ系統的に行っている。

金井・半谷[18]は，アクチュエータを組み込んだ構造システムを形態制御構造として取り上げ，ホモロガス変形を満足しながら振動するような動的形態制御の基礎方程式の導出，および**図 5.4** に示すような 3 層平面トラスの解析例を示している。

形態制御をアクチュエータにより行う場合，指定した形状を保持するためには，適当なアクチュエータの配置が必要であるが，半谷・金井[19]は，形状指定の制約条件とアクチュエータの配置との関係を示している。また，金井・半谷[20]は，ボット・ダフィン逆行列の張力安定トラスへの適用例を示している。

金井・半谷[21]は，形態制御構造に平面トラスを取り上げ，トラスの節点間を結ぶ弾性部材とアクチュエータ部材から構成される構造に調和外力が作用する

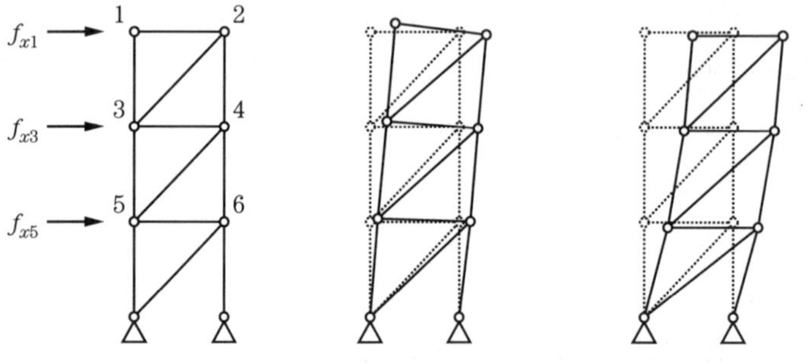

（a）解析モデル　　（b）非制御時変形　　（c）ホモロガス変形制御

図 5.4　ホモロガス変形を目標とした動的形態制御解析の一例

動的形態制御に対して，ボット・ダフィン逆行列を応用した解析例を示している。

〔2〕**接触振動問題（積層平板）への応用**　半谷・小川[22]は，振動中に異なる構造体，あるいは構造要素に接触が生じる問題，すなわち**接触振動問題**（contact vibration problem）に対して，ボット・ダフィン逆行列を用いた接触振動解析法を提案し，**図 5.5** 示すような 2 自由度バネ・マスモデルの簡単な数値解析例を示している。

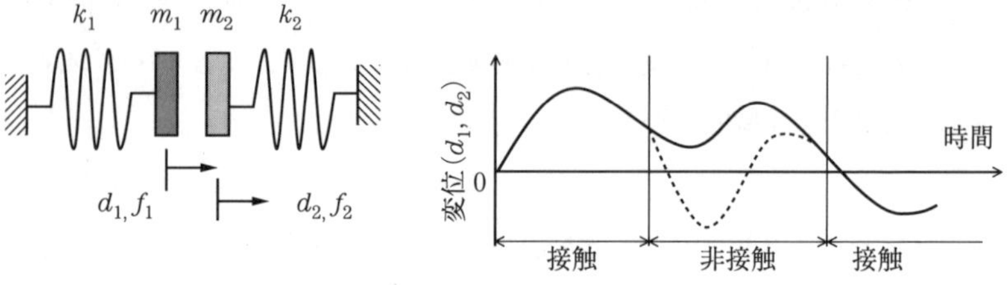

（a）解析モデル　　（b）変位-時間系

図 5.5　接触を伴うバネ・マスモデル

小川・半谷[23]は，平板の積み重ねで構成される積層平板構造の接触振動解析例を示している。ボット・ダフィン逆行列を応用する解法は，各接触節点で接触状態が移行するたびに質量マトリクス，剛性マトリクスを変更せずに，制約条件だけを変更するだけで解析されると同時に接触力の評価も可能であり，接触力を接触・非接触の判定に用いることができるという点に有用性があると述べている。

〔3〕 **アクティブ制震（多自由度バネ・マスモデル）への応用**　半谷ら[7]は，ボット・ダフィン逆行列の静的および動的解析への応用として，ボット・ダフィン逆行列の基礎理論を紹介した後，解析例として，調和地動を受ける連結バネ・マスモデルの動的応答制御解析，積層平板の接触振動解析に対するボット・ダフィン逆行列の応用例を紹介している。

筆者ら[24]は，地震動入力を受ける建築構造物の**アクティブ制御**（active control）に対して，最初にボット・ダフィン逆行列を応用した。ここでは，地震応答制御問題に対するボット・ダフィン逆行列を用いた解析理論，および2質点系バネ・マスモデルの簡単な数値解析例を示している。

以後，筆者らは，**ロバスト安定性**（robust stability）の観点から固有モード形状を制約条件とした弾性地震応答制御[26),29),30),32]についてその制御特性を示し，また，**損傷制御**（damage control）の観点から塑性率分布を制約条件とした弾塑性地震応答制御[27),28),31),33]について，その制御特性を示している。

さらに，**パッシブ制御**（passive control）との**ハイブリッド制御**（hybrid control）への応用[25]，あるいは，複数の固有モード形状を制約条件とした弾性地震応答制御[34]について，その合理性を数値解析例により示している。

5.2　剛棒とバネからなる簡単なモデルの解析

変位に関する制約条件付き荷重-変位関係式は

$$\boldsymbol{K}\boldsymbol{d} = \boldsymbol{f} \tag{5.1}$$

$$\boldsymbol{A}\boldsymbol{d} = \boldsymbol{0} \tag{5.2}$$

である。いま，**図5.6**に示す解析例を考える。

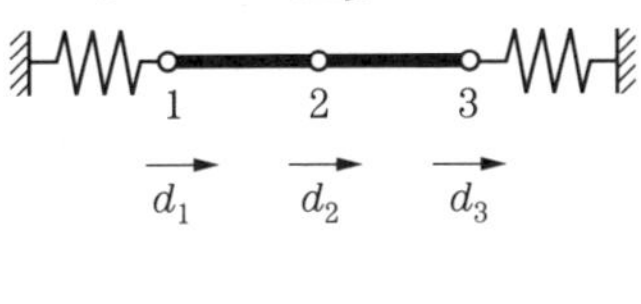

図5.6　剛棒とバネからなる解析モデル

荷重-変位関係式と制約条件式を具体的に書き下すと

$$\begin{bmatrix} k_1 & 0 & 0 \\ 0 & 0 & 0 \\ 0 & 0 & k_2 \end{bmatrix}\begin{bmatrix} d_1 \\ d_2 \\ d_3 \end{bmatrix} = \begin{bmatrix} 0 \\ f_2 \\ 0 \end{bmatrix} \tag{5.3}$$

$$\begin{bmatrix} 1 & -1 & 0 \\ 0 & 1 & -1 \end{bmatrix}\begin{bmatrix} d_1 \\ d_2 \\ d_3 \end{bmatrix} = \begin{bmatrix} 0 \\ 0 \end{bmatrix} \tag{5.4}$$

である。

式(5.2)を制約条件とする式(5.1)の解法にラグランジュ乗数法を適用する。$\boldsymbol{\lambda}$ をラグランジュ乗数とし

$$\boldsymbol{\Pi}_k = \frac{1}{2}\boldsymbol{d}^T\boldsymbol{K}\boldsymbol{d} - \boldsymbol{f}^T\boldsymbol{d} + \boldsymbol{\lambda}^T\boldsymbol{A}\boldsymbol{d} \tag{5.5}$$

$\boldsymbol{d}$ と $\boldsymbol{\lambda}$ の各成分で偏微分し，零とおくことにより $\boldsymbol{d}$ と $\boldsymbol{\lambda}$ を未知量とする $(n+m)$ 個の連立方程式が得られる。

つまり

$$\boldsymbol{K}\boldsymbol{d} + \boldsymbol{A}^T\boldsymbol{\lambda} = \boldsymbol{f} \tag{5.6}$$

$$\boldsymbol{A}\boldsymbol{d} = \boldsymbol{0} \tag{5.7}$$

ここで

$$\boldsymbol{r} = \boldsymbol{A}^T\boldsymbol{\lambda} \tag{5.8}$$

とおくと，式(5.6)は次式となる。

$$\boldsymbol{K}\boldsymbol{d} + \boldsymbol{r} = \boldsymbol{f} \tag{5.9}$$

$\boldsymbol{r}$ の力学的意味は，“$\boldsymbol{A}\boldsymbol{d} = \boldsymbol{0}$ を満足させるための荷重ベクトル”である。ここで，$\boldsymbol{d}$ と $\boldsymbol{r}$ の直交性を示す。式(5.7)，(5.8)より

$$\boldsymbol{d}^T\boldsymbol{r} = \boldsymbol{d}^T\boldsymbol{A}^T\boldsymbol{\lambda} = [\boldsymbol{A}\boldsymbol{d}]^T\boldsymbol{\lambda} = 0 \tag{5.10}$$

である。したがって，ボット・ダフィン逆行列を用いる解法が採用できる。通常の連立方程式による解法と，ボット・ダフィン逆行列を用いる解法をそれぞれ 5.2.1 項と 5.2.2 項に示す。

5.2.1　通常の連立方程式による解法

式(5.6)と式(5.7)を次式の形にまとめる。

$$\begin{bmatrix} \boldsymbol{K} & \boldsymbol{A}^T \\ \boldsymbol{A} & \boldsymbol{O} \end{bmatrix} \begin{Bmatrix} \boldsymbol{d} \\ \boldsymbol{\lambda} \end{Bmatrix} = \begin{Bmatrix} \boldsymbol{f} \\ \boldsymbol{0} \end{Bmatrix} \tag{5.11}$$

式(5.11)より

$$\boldsymbol{Kd} = \boldsymbol{f} - \boldsymbol{A}^T\boldsymbol{\lambda} \tag{5.12}$$

$$\boldsymbol{d} = \boldsymbol{K}^{-1}[\boldsymbol{f} - \boldsymbol{A}^T\boldsymbol{\lambda}] \tag{5.13}$$

上式を式(5.7)に代入し，$\boldsymbol{\lambda}$ について解くと

$$\boldsymbol{AK}^{-1}[\boldsymbol{f} - \boldsymbol{A}^T\boldsymbol{\lambda}] = \boldsymbol{0} \tag{5.14}$$

$$[\boldsymbol{AK}^{-1}\boldsymbol{A}^T]\boldsymbol{\lambda} = \boldsymbol{AK}^{-1}\boldsymbol{f} \tag{5.15}$$

$$\boldsymbol{\lambda} = [\boldsymbol{AK}^{-1}\boldsymbol{A}^T]^{-1}\boldsymbol{AK}^{-1}\boldsymbol{f} \tag{5.16}$$

上式を式(5.13)に代入し，$\boldsymbol{d}$ について解くと

$$\boldsymbol{d} = [\boldsymbol{K}^{-1} - \boldsymbol{K}^{-1}\boldsymbol{A}^T[\boldsymbol{AK}^{-1}\boldsymbol{A}^T]^{-1}\boldsymbol{AK}^{-1}]\boldsymbol{f} \tag{5.17}$$

となる。

しかし，式(5.3)より，$\det(\boldsymbol{K}) = 0$ であり，以上の解法を用いて解を求めることができない。

5.2.2　ボット・ダフィン逆行列を用いる解法

荷重-変位関係式と制約条件式を再記すると

$$\begin{bmatrix} k_1 & 0 & 0 \\ 0 & 0 & 0 \\ 0 & 0 & k_2 \end{bmatrix} \begin{bmatrix} d_1 \\ d_2 \\ d_3 \end{bmatrix} = \begin{bmatrix} 0 \\ f_2 \\ 0 \end{bmatrix} \tag{5.18}$$

$$\begin{bmatrix} 1 & -1 & 0 \\ 0 & 1 & -1 \end{bmatrix} \begin{bmatrix} d_1 \\ d_2 \\ d_3 \end{bmatrix} = \begin{bmatrix} 0 \\ 0 \end{bmatrix} \tag{5.19}$$

である。式(5.18)，(5.19)は，Type-2 であるため，Type-3 に帰着させる。

基本変形によって得られる正則マトリクス $\boldsymbol{P}$，および $\boldsymbol{Q}$ は

$$\boldsymbol{P}=\begin{bmatrix}1 & 0\\ 0 & 1\end{bmatrix} \tag{5.20}$$

$$\boldsymbol{Q}=\begin{bmatrix}1 & 1 & 1\\ 0 & 1 & 1\\ 0 & 0 & 1\end{bmatrix} \tag{5.21}$$

と求まる。式(4.114)を作ると

$$\boldsymbol{B}=\boldsymbol{PAQ}=\begin{bmatrix}1 & 0\\ 0 & 1\end{bmatrix}\begin{bmatrix}1 & -1 & 0\\ 0 & 1 & -1\end{bmatrix}\begin{bmatrix}1 & 1 & 1\\ 0 & 1 & 1\\ 0 & 0 & 1\end{bmatrix}=\begin{bmatrix}1 & 0 & 0\\ 0 & 1 & 0\end{bmatrix} \tag{5.22}$$

となり，式(4.105)の形式になっている。ここで，式(4.109)，(4.111)は

$$\begin{aligned}\bar{\boldsymbol{K}}=\boldsymbol{Q}^T\boldsymbol{KQ}&=\begin{bmatrix}1 & 0 & 0\\ 1 & 1 & 0\\ 1 & 1 & 1\end{bmatrix}\begin{bmatrix}k_1 & 0 & 0\\ 0 & 0 & 0\\ 0 & 0 & k_2\end{bmatrix}\begin{bmatrix}1 & 1 & 1\\ 0 & 1 & 1\\ 0 & 0 & 1\end{bmatrix}\\ &=\begin{bmatrix}k_1 & k_1 & k_1\\ k_1 & k_1 & k_1\\ k_1 & k_1 & k_1+k_2\end{bmatrix}\end{aligned} \tag{5.23}$$

$$\boldsymbol{s}=\boldsymbol{Q}^T\boldsymbol{f}=\begin{bmatrix}1 & 0 & 0\\ 1 & 1 & 0\\ 1 & 1 & 1\end{bmatrix}\begin{bmatrix}0\\ f_2\\ 0\end{bmatrix}=\begin{bmatrix}0\\ f_2\\ f_2\end{bmatrix} \tag{5.24}$$

となる。また，正射影マトリクスは，式(4.75)，(4.76)を用いればよいので

$$\boldsymbol{P}_L=\begin{bmatrix}0 & 0 & 0\\ 0 & 0 & 0\\ 0 & 0 & 1\end{bmatrix} \tag{5.25}$$

$$\boldsymbol{P}_{L^\perp}=\begin{bmatrix}1 & 0 & 0\\ 0 & 1 & 0\\ 0 & 0 & 0\end{bmatrix} \tag{5.26}$$

である。ボット・ダフィン逆行列を求めると

$$\bar{\boldsymbol{K}}\boldsymbol{P}_L + \boldsymbol{P}_{L^\perp} = \begin{bmatrix} 1 & 0 & k_1 \\ 0 & 1 & k_1 \\ 0 & 0 & k_1 + k_2 \end{bmatrix} \tag{5.27}$$

$$[\bar{\boldsymbol{K}}\boldsymbol{P}_L + \boldsymbol{P}_{L^\perp}]^{-1} = \frac{1}{k_1 + k_2}\begin{bmatrix} k_1 + k_2 & 0 & -k_1 \\ 0 & k_1 + k_2 & -k_1 \\ 0 & 0 & 1 \end{bmatrix} \tag{5.28}$$

となる。また，式(4.126)，(4.127)を作ると

$$\boldsymbol{u} = \boldsymbol{P}_L[\bar{\boldsymbol{K}}\boldsymbol{P}_L + \boldsymbol{P}_{L^\perp}]^{-1}\boldsymbol{s} = \frac{f_2}{k_1 + k_2}\begin{bmatrix} 0 \\ 0 \\ 1 \end{bmatrix} \tag{5.29}$$

$$\boldsymbol{t} = \boldsymbol{P}_{L^\perp}[\bar{\boldsymbol{K}}\boldsymbol{P}_L + \boldsymbol{P}_{L^\perp}]^{-1}\boldsymbol{s} = \frac{f_2}{k_1 + k_2}\begin{bmatrix} -k_1 \\ k_2 \\ 0 \end{bmatrix} \tag{5.30}$$

となる。式(5.29)を(4.128)に代入して

$$\boldsymbol{d} = \boldsymbol{Q}\boldsymbol{u} = \frac{f_2}{k_1 + k_2}\begin{bmatrix} 1 & 1 & 1 \\ 0 & 1 & 1 \\ 0 & 0 & 1 \end{bmatrix}\begin{bmatrix} 0 \\ 0 \\ 1 \end{bmatrix} = \frac{f_2}{k_1 + k_2}\begin{bmatrix} 1 \\ 1 \\ 1 \end{bmatrix} \tag{5.31}$$

と求まる。また，式(5.30)を(4.129)に代入すると

$$\begin{aligned} \boldsymbol{r} = (\boldsymbol{Q}^T)^{-1}\boldsymbol{t} &= \frac{f_2}{k_1 + k_2}\begin{bmatrix} 1 & 0 & 0 \\ -1 & 1 & 0 \\ 0 & -1 & 1 \end{bmatrix}\begin{bmatrix} -k_1 \\ k_2 \\ 0 \end{bmatrix} \\ &= \frac{f_2}{k_1 + k_2}\begin{bmatrix} -k_1 \\ k_1 + k_2 \\ -k_2 \end{bmatrix} \end{aligned} \tag{5.32}$$

と求められる。

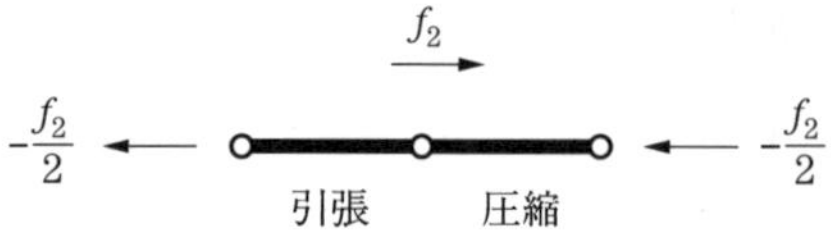

図 5.7　剛棒に作用している力

式(5.32)において，$k_1 = k_2$ の場合，剛棒に働く力を**図 5.7** に示す。

5.3　制約条件により安定化される不安定構造の解析

図 5.8 に示す不安定な平面トラス構造において，ガイドによって節点の変位方向を規定させることを考える。すなわち，ガイドによって安定化されることになる。この問題をボット・ダフィン逆行列を用いて解く。

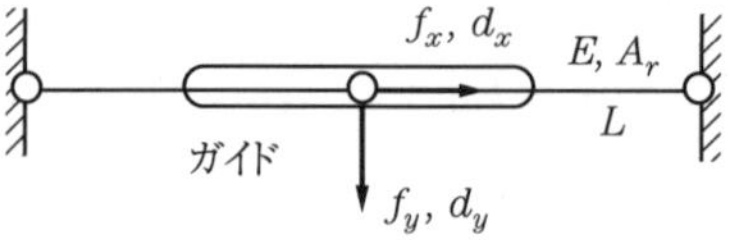

図 5.8　ガイドによって上下方向の変位が規定されるトラス構造

まず，この問題の基礎方程式は

$$\begin{bmatrix} 2k & 0 \\ 0 & 0 \end{bmatrix}\begin{bmatrix} d_x \\ d_y \end{bmatrix} + \begin{bmatrix} r_x \\ r_y \end{bmatrix} = \begin{bmatrix} f_x \\ f_y \end{bmatrix} \tag{5.33}$$

となる。ここに，$k = (E\,A_r)/L$，E：ヤング係数，A_r：断面積，L：部材長である。

また，ガイドによる変位規定を変位の制約条件式 $\boldsymbol{Ad} = \boldsymbol{0}$ で表現すると

$$[0 \quad 1]\begin{bmatrix} d_x \\ d_y \end{bmatrix} = 0 \;, \qquad \boldsymbol{A} = [0 \quad 1] \tag{5.34}$$

となる。

この場合の正射影マトリクスは

$$\boldsymbol{P}_L = \begin{bmatrix} 1 & 0 \\ 0 & 0 \end{bmatrix} \tag{5.35}$$

$$\boldsymbol{P}_{L^\perp} = \begin{bmatrix} 0 & 0 \\ 0 & 1 \end{bmatrix} \tag{5.36}$$

であり，ボット・ダフィン逆行列，および解は

$$\boldsymbol{K}_{(L)}{}^{(-1)} = \boldsymbol{P}_L[\boldsymbol{K}\boldsymbol{P}_L + \boldsymbol{P}_{L^\perp}]^{-1} = \begin{bmatrix} \dfrac{1}{2k} & 0 \\ 0 & 0 \end{bmatrix} \tag{5.37}$$

$$\boldsymbol{d} = \boldsymbol{K}_{(L^\perp)}{}^{(-1)}\boldsymbol{f} = \begin{bmatrix} \dfrac{1}{2k} & 0 \\ 0 & 0 \end{bmatrix}\begin{bmatrix} f_x \\ f_y \end{bmatrix} = \begin{bmatrix} \dfrac{1}{2k}f_x \\ 0 \end{bmatrix} \tag{5.38}$$

$$\boldsymbol{K}_{(L^\perp)}{}^{(-1)} = \boldsymbol{P}_{L^\perp}[\boldsymbol{K}\boldsymbol{P}_L + \boldsymbol{P}_{L^\perp}]^{-1} = \begin{bmatrix} 0 & 0 \\ 0 & 1 \end{bmatrix} \tag{5.39}$$

$$\boldsymbol{r} = \boldsymbol{K}_{(L^\perp)}{}^{(-1)}\boldsymbol{f} = \begin{bmatrix} 0 & 0 \\ 0 & 1 \end{bmatrix}\begin{bmatrix} f_x \\ f_y \end{bmatrix} = \begin{bmatrix} 0 \\ f_y \end{bmatrix} \tag{5.40}$$

と求まる。ここで，$\boldsymbol{d}$ と $\boldsymbol{r}$ の直交性を示す。式(5.38)，(5.40)より

$$\boldsymbol{d}^T\boldsymbol{r} = \begin{bmatrix} \dfrac{1}{2k}f_x & 0 \end{bmatrix}\begin{bmatrix} 0 \\ f_y \end{bmatrix} = 0 \tag{5.41}$$

である。

ここで，ボット・ダフィン逆行列を用いずに，通常の連立方程式として解を求めることを考えると，式(5.33)より，$\det(\boldsymbol{K}) = 0$ であり解を求めることができない。

以上より，ボット・ダフィン逆行列を用いる解法の特徴を挙げると，以下のようになる。

① $\det(\boldsymbol{K}) = 0$，$\det(\boldsymbol{K}) \neq 0$ にかかわらず，解を求めることが可能である。

② n 自由度で，制約条件数が m の場合，通常の連立方程式を用いると，$\boldsymbol{d}$ と $\boldsymbol{\lambda}$ を未知量とする（$n + m$）個の連立方程式を解くことなるが，ボット・ダフィン逆行列を用いる場合は，任意のベクトル $\boldsymbol{a}$ を未知量とする n 個の連立方程式を解けばよい。

③ $\boldsymbol{d}$ と $\boldsymbol{r}$ をそれぞれに対する正射影マトリクスを使うことで，別々に求めることが可能である。

5.4 ボット・ダフィン逆行列の発展性

変位拘束を持つ構造物は数多く存在し，また，変位拘束の形態も多様である。例えば，弾性体と剛体の複合構造において剛体の動きが弾性体の変位に拘束を与えるような構造物自身による変位拘束や，平面状に張られた円形膜の近傍に変位を制限する剛体があり，膜と剛体の間で接触が生じるような，構造物以外の構造による変位拘束，あるいは，変形後に指定した形状となるホモロガス構造も一種の変位拘束と考えることができる。

このような変位拘束を持つ構造物の簡便な解析法として，ボット・ダフィン逆行列は有効であるが，変位制約を伴う構造物の静的解析へのボット・ダフィン逆行列の応用は，半谷[1)]による研究以後，10 年間ほどでさまざまな問題に試みられてきているものの，動的問題への応用については，金井・半谷[17)]による研究以後，わずか数年間の研究蓄積であり，今後の発展的な応用に期待するところである。

6 地震応答制御問題への応用

6.1 運動方程式

次式で与えられる制約条件付きの瞬間全動力学ポテンシャルエネルギー関数の最小化問題を考える。次式は，式(4.80)を動的問題に拡張したものであるが，制約条件式は式(4.150)のType-4の形をした一般的な場合を示している。

また，増分表現としたのは，微少時間で変位制約が満足されていれば，時刻歴中，つねに変位制約を満足することが可能であると同時に，弾性解析，弾塑性解析を問わずに，解析法としての増分解析法がそのまま応用できるためである。

$$\varDelta \boldsymbol{\Pi} = \frac{1}{2}\varDelta \dot{\boldsymbol{d}}^{T}\boldsymbol{M}\varDelta \dot{\boldsymbol{d}} + \frac{1}{2}\varDelta \boldsymbol{d}^{T}\boldsymbol{K}(t)\varDelta \boldsymbol{d} - \varDelta \boldsymbol{f}^{T}\varDelta \boldsymbol{d} \tag{6.1}$$

$$\boldsymbol{A}\varDelta \boldsymbol{d} = \varDelta \boldsymbol{g} \tag{6.2}$$

ここに，$\varDelta \dot{\boldsymbol{d}}$：$n$ 次元速度増分ベクトル，$\varDelta \boldsymbol{d}$：n 次元変位増分ベクトル，$\boldsymbol{M}$：(n, n) 型質量マトリクス，$\boldsymbol{K}(t)$：(n, n) 型瞬間接線剛性マトリクス，t：時刻，$\varDelta \boldsymbol{f}$：n 次元外力増分ベクトル，$\boldsymbol{A}$：(m, n) 型制約条件マトリクス，$\varDelta \boldsymbol{g}$：m 次元制約増分ベクトル，n：自由度数，m：制約条件数（$m < n$）である。

また，制約条件をすべて独立であるとすると

$$\mathrm{rank}(\boldsymbol{A}) = m \tag{6.3}$$

式(6.2)を制約条件とする式(6.1)の最小化問題の解法にラグランジュ乗数法を適用する。m 次元のラグランジュ乗数ベクトル $\varDelta \boldsymbol{\lambda}$ を導入し，$\varDelta \boldsymbol{d}$ と $\varDelta \boldsymbol{\lambda}$ の

$(n+m)$ 個を未知量とする制約条件なしの最小化問題に変換する。その場合の瞬間ポテンシャルエネルギー関数は次式となる。

$$\Delta \boldsymbol{\Pi}_k = \frac{1}{2}\Delta \dot{\boldsymbol{d}}^T \boldsymbol{M} \Delta \dot{\boldsymbol{d}} + \frac{1}{2}\Delta \boldsymbol{d}^T \boldsymbol{K}(t) \Delta \boldsymbol{d} - \Delta \boldsymbol{f}^T \Delta \boldsymbol{d} + \Delta \boldsymbol{\lambda}^T (\boldsymbol{A} \Delta \boldsymbol{d} - \Delta \boldsymbol{g}) \tag{6.4}$$

$\Delta \boldsymbol{d}$ と $\Delta \boldsymbol{\lambda}$ の各成分で偏微分し，零とおくことにより，$\Delta \boldsymbol{d}$ と $\Delta \boldsymbol{\lambda}$ を未知量とする $(n+m)$ 個の連立方程式が得られる。つまり

$$\boldsymbol{M}\Delta \ddot{\boldsymbol{d}} + \boldsymbol{K}(t)\Delta \boldsymbol{d} - \Delta \boldsymbol{f} + \boldsymbol{A}^T \Delta \boldsymbol{\lambda} = \boldsymbol{0} \tag{6.5}$$

$$\boldsymbol{A}\Delta \boldsymbol{d} = \Delta \boldsymbol{g} \tag{6.6}$$

上式の誘導において，$\boldsymbol{K}(t)^T = \boldsymbol{K}(t)$ を利用している。ここで

$$\Delta \boldsymbol{r} = \boldsymbol{A}^T \Delta \boldsymbol{\lambda} \tag{6.7}$$

とおくと，式(6.5)は次式となる。すなわち，式(6.7)が制御則となる。

$$\boldsymbol{M}\Delta \ddot{\boldsymbol{d}} + \boldsymbol{K}(t)\Delta \boldsymbol{d} + \Delta \boldsymbol{r} = \Delta \boldsymbol{f} \tag{6.8}$$

さらに，式(6.8)を地動入力増分 $\Delta \ddot{d}_0$ に対する運動方程式に減衰を考慮して書き換えると

$$\boldsymbol{M}\Delta \ddot{\boldsymbol{d}} + \boldsymbol{C}(t)\Delta \dot{\boldsymbol{d}} + \boldsymbol{K}(t)\Delta \boldsymbol{d} + \Delta \boldsymbol{r} = -\boldsymbol{M}\boldsymbol{V}\Delta \ddot{d}_0 \tag{6.9}$$

となる。ここに，$\boldsymbol{C}(t)$：(n, n) 型瞬間接線減衰マトリクス，$\boldsymbol{V}$：n 次元単位ベクトルである。

以上により，式(6.1)，(6.2)で与えられる制約条件付きの最小化問題は，式(6.9)，(6.6)で与えられる $\Delta \boldsymbol{d}$ と $\Delta \boldsymbol{r}$ を未知量とする運動方程式に帰着された。

◀　**例　6.1**　▶

地動入力を受ける2質点系モデルにおいて，振動形状をつねに1次固有モード形状に保持するための制約条件式を求める。

▶　**解**　　まず，固有ベクトル ${}_s\boldsymbol{u}$ を列成分とするモードマトリクス $\boldsymbol{U}$ は

$$\boldsymbol{U} = [\boldsymbol{u}_1 \quad \boldsymbol{u}_2] = \begin{bmatrix} {}_1u_1 & {}_2u_1 \\ {}_1u_2 & {}_2u_2 \end{bmatrix} \tag{6.10}$$

ここに，左添え字はモード次数，右添え字は質点番号を示す。

いま，振動形状を1次固有モード形状とした場合の各質点の変位応答比は

$$\Delta d_2 = \frac{{}_1u_2}{{}_1u_1}\Delta d_1 \tag{6.11}$$

または

$$-{}_1u_2\,\Delta d_1 + {}_1u_1\,\Delta d_2 = 0 \tag{6.12}$$

式(6.12)をマトリクス表示すると，式(6.6)の制約条件式が得られる。

$$\begin{bmatrix} -{}_1u_2 & {}_1u_1 \end{bmatrix}\begin{bmatrix} \Delta d_1 \\ \Delta d_2 \end{bmatrix} = 0 \tag{6.13}$$

さらに，1次モードが逆三角形直線モードとなるような剛性と質量分布が与えられているとすれば，${}_1u_2 = 2{}_1u_1$ となるため，式(6.13)の制約条件式は次式となる。

$$\begin{bmatrix} -2 & 1 \end{bmatrix}\begin{bmatrix} \Delta d_1 \\ \Delta d_2 \end{bmatrix} = 0 \tag{6.14}$$

6.2 制約増分ベクトルの消去

まず，Type-4 を Type-5 に帰着させるために，式(6.6)の制約増分ベクトル $\Delta\boldsymbol{g}$ の消去を考え，新しいベクトル $\Delta\boldsymbol{z}$ を導入し，次式で変換する。つまり

$$\Delta\boldsymbol{z} = \Delta\boldsymbol{d} - \boldsymbol{A}^{+}\Delta\boldsymbol{g} \tag{6.15}$$

である。上式は，式(4.151)を増分表現にしたものである。

ここで，$\boldsymbol{A}^{+}$ は $\boldsymbol{A}$ の一般逆行列であり，$\boldsymbol{A}$ のサイズが $m \times n$，$\boldsymbol{A}$ のランクが m のとき，次の関係が成立する。

$$\boldsymbol{A}^{+} = \boldsymbol{A}^{T}(\boldsymbol{A}\boldsymbol{A}^{T})^{-1} \tag{6.16}$$

$$\boldsymbol{A}\boldsymbol{A}^{+} = \boldsymbol{I}_m \tag{6.17}$$

また，一般に次式は成立しない。

$$\boldsymbol{A}^{+}\boldsymbol{A} = \boldsymbol{I}_n \tag{6.18}$$

式(6.15)を式(6.6)に代入し，式(6.17)を用いると

$$\boldsymbol{A}\Delta\boldsymbol{z} = \boldsymbol{0} \tag{6.19}$$

また，式(6.15)を式(6.9)に代入すると

$$\boldsymbol{M}\Delta\ddot{\boldsymbol{z}} + \boldsymbol{C}(t)\Delta\dot{\boldsymbol{z}} + \boldsymbol{K}(t)\Delta\boldsymbol{z} + \Delta\boldsymbol{r} = \Delta\boldsymbol{h} \tag{6.20}$$

となる。ここに

$$\Delta \boldsymbol{h} = -\boldsymbol{M}\boldsymbol{V}\Delta\ddot{d}_0 - \boldsymbol{M}\boldsymbol{A}^+\Delta\ddot{\boldsymbol{g}} - \boldsymbol{C}(t)\boldsymbol{A}^+\Delta\dot{\boldsymbol{g}} - \boldsymbol{K}(t)\boldsymbol{A}^+\Delta\boldsymbol{g} \tag{6.21}$$

したがって，式(6.9)，(6.6)の Type-4 は，式(6.20)，(6.19)の Type-5 に帰着された。

さらに，式(6.20)の $\Delta\boldsymbol{z}$ と $\Delta\boldsymbol{r}$ の直交性を示す。式(6.19)を用いれば

$$\Delta\boldsymbol{z}^T\Delta\boldsymbol{r} = \Delta\boldsymbol{z}^T(\boldsymbol{A}^T\Delta\boldsymbol{\lambda}) = (\boldsymbol{A}\Delta\boldsymbol{z})^T\Delta\boldsymbol{\lambda} = 0 \tag{6.22}$$

したがって，式(6.19)の制約条件が式(6.22)の直交条件に置き換わったことになる。

◀ 例 6.2 ▶

［**例 6.1**］式(6.14)の制約条件マトリクス $\boldsymbol{A}$ の一般逆行列 $\boldsymbol{A}^+$ を求める。

▶ 解　式(6.14)の制約条件マトリクス $\boldsymbol{A}$ は

$$\boldsymbol{A} = [-2 \quad 1] \tag{6.23}$$

である。式(6.23)を式(6.16)に代入すると

$$\boldsymbol{A}^+ = [-2 \quad 1]^T[[-2 \quad 1][-2 \quad 1]^T]^{-1} = \begin{bmatrix} -\dfrac{2}{5} \\ \dfrac{1}{5} \end{bmatrix} \tag{6.24}$$

となる。また，式(6.17)を確認してみると，次式のようになる。

$$\boldsymbol{A}\boldsymbol{A}^+ = [-2 \quad 1]\begin{bmatrix} -\dfrac{2}{5} \\ \dfrac{1}{5} \end{bmatrix} = \frac{4}{5} + \frac{1}{5} = 1 \tag{6.25}$$

6.3　正射影マトリクスの自動化作成

式(6.20)，(6.19)の Type-5 を再記すると

$$\boldsymbol{M}\Delta\ddot{\boldsymbol{z}} + \boldsymbol{C}(t)\Delta\dot{\boldsymbol{z}} + \boldsymbol{K}(t)\Delta\boldsymbol{z} + \Delta\boldsymbol{r} = \Delta\boldsymbol{h} \tag{6.26}$$

$$\boldsymbol{A}\Delta\boldsymbol{z} = \boldsymbol{0}\ , \qquad \Delta\boldsymbol{r} = \boldsymbol{A}^T\Delta\boldsymbol{\lambda} \tag{6.27}$$

である。式(6.26)における $\Delta\boldsymbol{h}$ は，式(6.21)より

$$\varDelta\boldsymbol{h} = -\boldsymbol{M}\boldsymbol{V}\varDelta\ddot{\boldsymbol{d}}_0 - \boldsymbol{M}\boldsymbol{A}^{+}\varDelta\ddot{\boldsymbol{g}} - \boldsymbol{C}(t)\boldsymbol{A}^{+}\varDelta\dot{\boldsymbol{g}} - \boldsymbol{K}(t)\boldsymbol{A}^{+}\varDelta\boldsymbol{g} \tag{6.28}$$

である。

ボット・ダフィン逆行列による解法において，制約条件マトリクス $\boldsymbol{A}$ が一般的な形で与えられても，基本変形を施すことにより，正射影マトリクスの自動化作成が可能となる。すなわち，Type-5 を Type-6 に帰着させることになる。

Type-6 における制約条件式は，式(4.178)より

$$\boldsymbol{B}\varDelta\boldsymbol{v} = \boldsymbol{0}\ , \qquad \varDelta\boldsymbol{b} = \boldsymbol{B}^{T}\varDelta\boldsymbol{\lambda} \tag{6.29}$$

ここに

$$\boldsymbol{B} = \boldsymbol{P}\boldsymbol{A}\boldsymbol{Q} = [\boldsymbol{I}_m \quad \boldsymbol{O}] \tag{6.30}$$

であり，$\boldsymbol{P}$：$\boldsymbol{A}$ の基本マトリクスの積として得られる (m, m) 型正則マトリクス，$\boldsymbol{Q}$：$\boldsymbol{A}$ の基本マトリクスの積として得られる (n, n) 型正則マトリクスである。

制約条件マトリクス $\boldsymbol{B}$ が式(6.30)の場合の正射影マトリクスは，式(4.75)，(4.76)により自動的に作成される。その正射影マトリクスを再記すると

$$\boldsymbol{P}_L = \begin{bmatrix} \boldsymbol{O} & \boldsymbol{O} \\ \boldsymbol{O} & \boldsymbol{I}_l \end{bmatrix}, \qquad l = n - m \tag{6.31}$$

$$\boldsymbol{P}_{L^{\perp}} = \begin{bmatrix} \boldsymbol{I}_m & \boldsymbol{O} \\ \boldsymbol{O} & \boldsymbol{O} \end{bmatrix} \tag{6.32}$$

である。ここに，$\boldsymbol{I}_l$：(l, l) 型単位マトリクス，$\boldsymbol{I}_m$：(m, m) 型単位マトリクスである。

そこで，制約条件マトリクス $\boldsymbol{A}$ の基本変形によって得られた $\boldsymbol{Q}$ を利用して，次の座標変換を行う。

$$\varDelta\boldsymbol{z} = \boldsymbol{Q}\varDelta\boldsymbol{v} \tag{6.33}$$

上式は，式(4.165)を増分表現にしたものである。上式を式(6.18)に代入すると

$$\boldsymbol{M}\boldsymbol{Q}\varDelta\ddot{\boldsymbol{v}} + \boldsymbol{C}(t)\boldsymbol{Q}\varDelta\boldsymbol{v} + \boldsymbol{K}(t)\boldsymbol{Q}\varDelta\boldsymbol{v} + \varDelta\boldsymbol{r} = \varDelta\boldsymbol{h} \tag{6.34}$$

となる。上式の両辺に左側から $\boldsymbol{Q}^T$ を掛けると

$$\boldsymbol{Q}^T\boldsymbol{M}\boldsymbol{Q}\Delta\ddot{\boldsymbol{v}} + \boldsymbol{Q}^T\boldsymbol{C}(t)\boldsymbol{Q}\Delta\dot{\boldsymbol{v}} + \boldsymbol{Q}^T\boldsymbol{K}(t)\boldsymbol{Q}\Delta\boldsymbol{v} + \boldsymbol{Q}^T\Delta\boldsymbol{r} = \boldsymbol{Q}^T\Delta\boldsymbol{h} \tag{6.35}$$

となる。ここで

$$\bar{\boldsymbol{M}} = \boldsymbol{Q}^T\boldsymbol{M}\boldsymbol{Q} \tag{6.36}$$

$$\bar{\boldsymbol{C}}(t) = \boldsymbol{Q}^T\boldsymbol{C}(t)\boldsymbol{Q} \tag{6.37}$$

$$\bar{\boldsymbol{K}}(t) = \boldsymbol{Q}^T\boldsymbol{K}(t)\boldsymbol{Q} \tag{6.38}$$

$$\Delta\boldsymbol{b} = \boldsymbol{Q}^T\Delta\boldsymbol{r} \tag{6.39}$$

$$\Delta\boldsymbol{w} = \boldsymbol{Q}^T\Delta\boldsymbol{h} \tag{6.40}$$

とおくと，式(6.35)は

$$\bar{\boldsymbol{M}}\Delta\ddot{\boldsymbol{v}} + \bar{\boldsymbol{C}}(t)\Delta\dot{\boldsymbol{v}} + \bar{\boldsymbol{K}}(t)\Delta\boldsymbol{v} + \Delta\boldsymbol{b} = \Delta\boldsymbol{w} \tag{6.41}$$

となる。

したがって，式(6.26)，(6.27)の Type-5 は，式(6.41)，(6.29)の Type-6 に帰着された。

◀ 例 6.3 ▶

［**例 6.1**］ 式(6.14)の制約条件マトリクス $\boldsymbol{A}$ に基本変形を施して得られる正則マトリクス $\boldsymbol{Q}$ を求める。

▶ 解　式(6.14)の制約条件マトリクス $\boldsymbol{A}$ は

$$\boldsymbol{A} = [-2 \quad 1] \tag{6.42}$$

である。マトリクス $\boldsymbol{A}$ に順次，次の基本変形を施す。

（i） 2列目に3を掛けて，1列目に加える：$\boldsymbol{E}^{(1)}$

$$[-2 \quad 1]\begin{bmatrix} 1 & 0 \\ 3 & 1 \end{bmatrix} = [1 \quad 1] \tag{6.43}$$

（ii） 2列目から1列目を引く：$\boldsymbol{E}^{(2)}$

$$[1 \quad 1]\begin{bmatrix} 1 & -1 \\ 0 & 1 \end{bmatrix} = [1 \quad 0] \tag{6.44}$$

$\boldsymbol{E}^{(1)}\boldsymbol{E}^{(2)} = \boldsymbol{Q}$ を計算すると

$$\begin{bmatrix} 1 & 0 \\ 3 & 1 \end{bmatrix}\begin{bmatrix} 1 & -1 \\ 0 & 1 \end{bmatrix} = \begin{bmatrix} 1 & -1 \\ 3 & -2 \end{bmatrix} \tag{6.45}$$

式(6.30)を確認すると，$\boldsymbol{P} = 1$ として

$$\boldsymbol{PAQ} = 1\,[-2 \quad 1]\begin{bmatrix} 1 & -1 \\ 3 & -2 \end{bmatrix} = [1 \quad 0] \tag{6.46}$$

となる。

6.4　ボット・ダフィン逆行列を用いる解法

式(6.41)，(6.29)の Type-6 を再記すると

$$\bar{\boldsymbol{M}}\Delta\ddot{\boldsymbol{v}} + \bar{\boldsymbol{C}}(t)\Delta\dot{\boldsymbol{v}} + \bar{\boldsymbol{K}}(t)\Delta\boldsymbol{v} + \Delta\boldsymbol{b} = \Delta\boldsymbol{w} \tag{6.47}$$

$$\boldsymbol{B}\Delta\boldsymbol{v} = \boldsymbol{0}\ , \qquad \boldsymbol{B} = [\boldsymbol{I}_m \quad \boldsymbol{O}]\ , \qquad \Delta\boldsymbol{b} = \boldsymbol{B}^T\Delta\boldsymbol{\lambda} \tag{6.48}$$

ここに，$\Delta\boldsymbol{\lambda}$ は任意のベクトルである。ここで，$\Delta\boldsymbol{v}$ と $\Delta\boldsymbol{b}$ の直交性を示す。

$$\Delta\boldsymbol{v}^T\Delta\boldsymbol{b} = \Delta\boldsymbol{v}^T\boldsymbol{B}^T\Delta\boldsymbol{\lambda} = (\boldsymbol{B}\Delta\boldsymbol{v})^T\Delta\boldsymbol{\lambda} = 0 \tag{6.49}$$

式(6.49)より直交条件が満足されているので，ボット・ダフィン逆行列による解法を用いることができる。すなわち，$\Delta\boldsymbol{y}$ を任意のベクトルとして，次式のように式(4.180)，(4.181)と同様の表現が可能となる。

$$\Delta\boldsymbol{v} = \boldsymbol{P}_L\Delta\boldsymbol{y} \tag{6.50}$$

$$\Delta\boldsymbol{b} = \boldsymbol{P}_{L^\perp}\Delta\boldsymbol{y} \tag{6.51}$$

式(6.50)，(6.51)を式(6.47)に代入すると

$$\bar{\boldsymbol{M}}\boldsymbol{P}_L\Delta\ddot{\boldsymbol{y}} + \bar{\boldsymbol{C}}(t)\boldsymbol{P}_L\Delta\dot{\boldsymbol{y}} + \bar{\boldsymbol{K}}(t)\boldsymbol{P}_L\Delta\boldsymbol{y} + \boldsymbol{P}_{L^\perp}\Delta\boldsymbol{y} = \Delta\boldsymbol{w} \tag{6.52}$$

ここで

$$\hat{\boldsymbol{M}} = \bar{\boldsymbol{M}}\boldsymbol{P}_L = \boldsymbol{Q}^T\boldsymbol{M}\boldsymbol{Q}\boldsymbol{P}_L \tag{6.53}$$

$$\hat{\boldsymbol{C}}(t) = \bar{\boldsymbol{C}}(t)\boldsymbol{P}_L = \boldsymbol{Q}^T\boldsymbol{C}(t)\boldsymbol{Q}\boldsymbol{P}_L \tag{6.54}$$

$$\hat{\boldsymbol{K}}(t) = \bar{\boldsymbol{K}}(t)\boldsymbol{P}_L + \boldsymbol{P}_{L^\perp} = \boldsymbol{Q}^T\boldsymbol{K}(t)\boldsymbol{Q}\boldsymbol{P}_L + \boldsymbol{P}_{L^\perp} \tag{6.55}$$

とおくと

$$\hat{\boldsymbol{M}}\Delta\ddot{\boldsymbol{y}} + \hat{\boldsymbol{C}}(t)\Delta\dot{\boldsymbol{y}} + \hat{\boldsymbol{K}}(t)\Delta\boldsymbol{y} = \Delta\boldsymbol{w} \tag{6.56}$$

となり，$\Delta\boldsymbol{y}$ を未知量とする通常の運動方程式の形になる。

ここでは，**Newmark の β 法**（Newmark's β-method）を用いて，仮想の変位増分 $\Delta\boldsymbol{y}$ について，次式のような静的な力-変形関係と類似の表現を得る。

なお，連続時間系の時刻 t に対応した離散時間系の時刻 k を用いて表現する[2)]。

$$\Delta\boldsymbol{y} = \tilde{\boldsymbol{K}}(k)^{-1}\Delta\tilde{\boldsymbol{p}} \tag{6.57}$$

ここに

$$\tilde{\boldsymbol{K}}(k) = \hat{\boldsymbol{K}}(k) + \frac{1}{2\beta\Delta t}\hat{\boldsymbol{C}}(k) + \frac{1}{\beta\Delta t^2}\hat{\boldsymbol{M}} \tag{6.58}$$

$$\Delta\tilde{\boldsymbol{p}} = \Delta\boldsymbol{w} + \hat{\boldsymbol{M}}\left\{\frac{1}{\beta\Delta t}\dot{\boldsymbol{y}}(k) + \frac{1}{2\beta}\ddot{\boldsymbol{y}}(k)\right\}$$
$$+ \hat{\boldsymbol{C}}(k)\left\{\frac{1}{2\beta}\dot{\boldsymbol{y}}(k) + \left(\frac{1}{4\beta} - 1\right)\ddot{\boldsymbol{y}}(k)\Delta t\right\} \tag{6.59}$$

である。なお，β は平均加速度法の場合は 1/4，Δt は微少時間である。

また，式(6.57)を式(6.50)，(6.51)に代入すると

$$\Delta\boldsymbol{v} = \boldsymbol{P}_L\tilde{\boldsymbol{K}}(k)^{-1}\Delta\tilde{\boldsymbol{p}} \tag{6.60}$$

$$\Delta\boldsymbol{b} = \boldsymbol{P}_{L^\perp}\tilde{\boldsymbol{K}}(k)^{-1}\Delta\tilde{\boldsymbol{p}} \tag{6.61}$$

となり，上式の右辺の係数マトリクスがボット・ダフィン逆行列となる。

また，$\Delta\dot{\boldsymbol{y}}$，$\Delta\ddot{\boldsymbol{y}}$ は式(6.57)の $\Delta\boldsymbol{y}$ を用いて，次式で得られる。

$$\Delta\dot{\boldsymbol{y}} = \frac{1}{2\beta\Delta t}\Delta\boldsymbol{y} - \frac{1}{2\beta}\dot{\boldsymbol{y}}(k) - \left(\frac{1}{4\beta} - 1\right)\ddot{\boldsymbol{y}}(k)\Delta t \tag{6.62}$$

$$\Delta\ddot{\boldsymbol{y}} = \frac{1}{\beta\Delta \boldsymbol{t}^2}\Delta\boldsymbol{y} - \frac{1}{\beta\Delta t}\dot{\boldsymbol{y}}(k) - \frac{1}{2\beta}\ddot{\boldsymbol{y}}(k) \tag{6.63}$$

したがって，最終的に求めるべき応答変位増分は，式(6.50)，(6.33)，(6.15)より

$$\Delta\boldsymbol{d} = \Delta\boldsymbol{z} + \boldsymbol{A}^+\Delta\boldsymbol{g} = \boldsymbol{Q}\Delta\boldsymbol{v} + \boldsymbol{A}^+\Delta\boldsymbol{g} = \boldsymbol{Q}\boldsymbol{P}_L\Delta\boldsymbol{y} + \boldsymbol{A}^+\Delta\boldsymbol{g} \tag{6.64}$$

で求められる。

また，制御力増分は，式(6.51)，(6.39)より

$$\Delta\boldsymbol{r} = (\boldsymbol{Q}^T)^{-1}\Delta\boldsymbol{b} = (\boldsymbol{Q}^T)^{-1}\boldsymbol{P}_{L^\perp}\Delta\boldsymbol{y} \tag{6.65}$$

で求められる。

以上の手続きを繰り返して次式のように順次解が求められる。

$$\boldsymbol{d}(k+1) = \boldsymbol{d}(k) + \Delta\boldsymbol{d} \tag{6.66}$$

$$\dot{\boldsymbol{d}}(k+1)=\dot{\boldsymbol{d}}(k)+\varDelta\dot{\boldsymbol{d}} \tag{6.67}$$

$$\ddot{\boldsymbol{d}}(k+1)=\ddot{\boldsymbol{d}}(k)+\varDelta\ddot{\boldsymbol{d}} \tag{6.68}$$

$$\boldsymbol{r}(k+1)=\boldsymbol{r}(k)+\varDelta\boldsymbol{r} \tag{6.69}$$

6.5 制御則とフィードフォワードゲインを用いた変位表現

ボット・ダフィン逆行列による制御問題の解法は前述のとおりであるが，ここでは，本理論の**制御則**（control algorithm）を陽な形で表現し，変位についても同様に，**フィードフォワードゲイン**（feedforward gain）を用いた変位表現について誘導を行う。

まず，制御力の増分表現は，式(6.69)より，離散時間表示で

$$\boldsymbol{r}(k+1)=\boldsymbol{r}(k)+\varDelta\boldsymbol{r} \tag{6.70}$$

である。また，制御力増分は，式(6.65)より

$$\varDelta\boldsymbol{r}=(\boldsymbol{Q}^T)^{-1}\varDelta\boldsymbol{b}=(\boldsymbol{Q}^T)^{-1}\boldsymbol{P}_{L^\perp}\varDelta\boldsymbol{y} \tag{6.71}$$

である。ここに，$\boldsymbol{Q}$：制約条件マトリクス $\boldsymbol{A}$ に基本変形を施して得られる正則マトリクス，$\boldsymbol{P}_{L^\perp}$：正射影マトリクス，$\varDelta\boldsymbol{y}$：みかけ（仮想）の変位増分である。

みかけの変位増分 $\varDelta\boldsymbol{y}$ は，弾性問題で剛性が時間に関して一定値とすれば，式(6.57)より

$$\varDelta\boldsymbol{y}=\tilde{\boldsymbol{K}}^{-1}\varDelta\tilde{\boldsymbol{p}} \tag{6.72}$$

で求められる。ここに，$\tilde{\boldsymbol{K}}$：みかけの剛性マトリクス，$\varDelta\tilde{\boldsymbol{p}}$：みかけの外力増分である。

みかけの剛性マトリクス $\tilde{\boldsymbol{K}}$ は，式(6.58)より

$$\tilde{\boldsymbol{K}}=\hat{\boldsymbol{K}}+\frac{1}{2\beta\varDelta t}\hat{\boldsymbol{C}}+\frac{1}{\beta\varDelta t^2}\hat{\boldsymbol{M}} \tag{6.73}$$

である。ここに，式(6.55)，(6.54)，(6.53)より

$$\hat{\boldsymbol{K}}=\boldsymbol{Q}^T\boldsymbol{K}\boldsymbol{Q}\boldsymbol{P}_L+\boldsymbol{P}_{L^\perp} \tag{6.74}$$

$$\hat{\boldsymbol{C}}=\boldsymbol{Q}^T\boldsymbol{C}\boldsymbol{Q}\boldsymbol{P}_L \tag{6.75}$$

$$\hat{\boldsymbol{M}} = \boldsymbol{Q}^T \boldsymbol{M} \boldsymbol{Q} \boldsymbol{P}_L \tag{6.76}$$

であり，$\boldsymbol{K}$：剛性マトリクス，$\boldsymbol{C}$：減衰マトリクス，$\boldsymbol{M}$：質量マトリクスである。

また，みかけの外力増分 $\varDelta\tilde{\boldsymbol{p}}$ は，式(6.59)より

$$\varDelta\tilde{\boldsymbol{p}} = \varDelta\boldsymbol{w} + \hat{\boldsymbol{M}}\left\{\frac{1}{\beta\varDelta t}\dot{\boldsymbol{y}}(k) + \frac{1}{2\beta}\ddot{\boldsymbol{y}}(k)\right\} + \hat{\boldsymbol{C}}(k)\left\{\frac{1}{2\beta}\dot{\boldsymbol{y}}(k) + \left(\frac{1}{4\beta} - 1\right)\ddot{\boldsymbol{y}}(k)\varDelta t\right\} \tag{6.77}$$

上式の右辺第1項目は，式(6.40)より

$$\varDelta\boldsymbol{w} = \boldsymbol{Q}^T\varDelta\boldsymbol{h} \tag{6.78}$$

である。ここで，式(6.21)より

$$\varDelta\boldsymbol{h} = -\boldsymbol{M}\boldsymbol{V}\ddot{d}_0 - \boldsymbol{M}\boldsymbol{A}^+\varDelta\ddot{\boldsymbol{g}} - \boldsymbol{C}(t)\boldsymbol{A}^+\varDelta\dot{\boldsymbol{g}} - \boldsymbol{K}(t)\boldsymbol{A}^+\varDelta\boldsymbol{g} \tag{6.79}$$

ここに，$\boldsymbol{V}$：n 次元単位ベクトル，$\varDelta\ddot{d}_0$：地動入力増分，$\varDelta\ddot{\boldsymbol{g}}$，$\varDelta\dot{\boldsymbol{g}}$，$\varDelta\boldsymbol{g}$：加速度，速度，変位の各制約条件ベクトル増分，$\boldsymbol{A}^+$：制約条件マトリクス $\boldsymbol{A}$ の一般逆行列である。

いま，$\varDelta\boldsymbol{g} = \boldsymbol{0}$ の簡単な場合を考えると，式(6.79)は

$$\varDelta\boldsymbol{h} = -\boldsymbol{M}\boldsymbol{V}\varDelta\ddot{d}_0 \tag{6.80}$$

となり，式(6.80)を式(6.78)に代入して

$$\varDelta\boldsymbol{w} = -\boldsymbol{Q}^T\boldsymbol{M}\boldsymbol{V}\varDelta\ddot{d}_0 \tag{6.81}$$

となる。上式を式(6.77)に代入すると

$$\varDelta\tilde{\boldsymbol{p}} = -\boldsymbol{Q}^T\boldsymbol{M}\boldsymbol{V}\varDelta\ddot{d}_0 + \hat{\boldsymbol{M}}\left\{\frac{1}{\beta\varDelta t}\dot{\boldsymbol{y}}(k) + \frac{1}{2\beta}\ddot{\boldsymbol{y}}(k)\right\} + \hat{\boldsymbol{C}}(k)\left\{\frac{1}{2\beta}\dot{\boldsymbol{y}}(k) + \left(\frac{1}{4\beta} - 1\right)\ddot{\boldsymbol{y}}(k)\varDelta t\right\} \tag{6.82}$$

式(6.82)を式(6.72)に代入した後で，得られた $\varDelta\boldsymbol{y}$ を式(6.71)に代入すると

$$\varDelta\boldsymbol{r} = (\boldsymbol{Q}^T)^{-1}\boldsymbol{P}_{L\perp}\tilde{\boldsymbol{K}}^{-1}\Big[-\boldsymbol{Q}^T\boldsymbol{M}\boldsymbol{V}\varDelta\ddot{d}_0 + \left\{\frac{1}{\beta\varDelta t}\boldsymbol{Q}^T\boldsymbol{M}\boldsymbol{Q}\boldsymbol{P}_L + \frac{1}{2\beta}\boldsymbol{Q}^T\boldsymbol{C}\boldsymbol{Q}\boldsymbol{P}_L\right\}\dot{\boldsymbol{y}}(k) + \left\{\frac{1}{2\beta}\boldsymbol{Q}^T\boldsymbol{M}\boldsymbol{Q}\boldsymbol{P}_L + \left(\frac{1}{4\beta} - 1\right)\varDelta t\boldsymbol{Q}^T\boldsymbol{C}\boldsymbol{Q}\boldsymbol{P}_L\right\}\ddot{\boldsymbol{y}}(k)\Big] \tag{6.83}$$

となる。上式を整理すると

$$\boldsymbol{\Delta r} = \boldsymbol{G}_v\dot{\boldsymbol{y}}(k) + \boldsymbol{G}_a\ddot{\boldsymbol{y}}(k) + \boldsymbol{G}_f\boldsymbol{V}\Delta\ddot{d}_0 \tag{6.84}$$

と表現できる。ここに，各ゲインマトリクスは

$$\boldsymbol{G}_v = (\boldsymbol{Q}^T)^{-1}\boldsymbol{P}_{L^\perp}\widetilde{\boldsymbol{K}}^{-1}\left\{\frac{1}{\beta\Delta t}\boldsymbol{Q}^T\boldsymbol{M}\boldsymbol{Q}\boldsymbol{P}_L + \frac{1}{2\beta}\boldsymbol{Q}^T\boldsymbol{C}\boldsymbol{Q}\boldsymbol{P}_L\right\} \tag{6.85}$$

$$\boldsymbol{G}_a = (\boldsymbol{Q}^T)^{-1}\boldsymbol{P}_{L^\perp}\widetilde{\boldsymbol{K}}^{-1}\left\{\frac{1}{2\beta}\boldsymbol{Q}^T\boldsymbol{M}\boldsymbol{Q}\boldsymbol{P}_L + \left(\frac{1}{4\beta} - 1\right)\Delta t\boldsymbol{Q}^T\boldsymbol{C}\boldsymbol{Q}\boldsymbol{P}_L\right\} \tag{6.86}$$

$$\boldsymbol{G}_f = -(\boldsymbol{Q}^T)^{-1}\boldsymbol{P}_{L^\perp}\widetilde{\boldsymbol{K}}^{-1}\boldsymbol{Q}^T\boldsymbol{M} \tag{6.87}$$

である。

式(6.84)を式(6.70)に代入すると

$$\boldsymbol{r}(k+1) - \boldsymbol{r}(k) = \boldsymbol{G}_v\dot{\boldsymbol{y}}(k) + \boldsymbol{G}_a\ddot{\boldsymbol{y}}(k) + \boldsymbol{G}_f\boldsymbol{V}\Delta\ddot{d}_0 \tag{6.88}$$

となる。また，地動入力増分は

$$\Delta\ddot{d}_0 = \ddot{d}_0(k+1) - \ddot{d}_0(k) \tag{6.89}$$

であり，式(6.89)を式(6.88)に代入して

$$\boldsymbol{r}(k+1) - \boldsymbol{r}(k) = \boldsymbol{G}_v\dot{\boldsymbol{y}}(k) + \boldsymbol{G}_a\ddot{\boldsymbol{y}}(k) + \boldsymbol{G}_f\boldsymbol{V}\{\ddot{d}_0(k+1) - \ddot{d}_0(k)\} \tag{6.90}$$

となる。ここで，$k \equiv k-1$ とおくと，式(6.90)は

$$\boldsymbol{r}(k) = \boldsymbol{r}(k-1) + \boldsymbol{G}_v\dot{\boldsymbol{y}}(k-1) + \boldsymbol{G}_a\ddot{\boldsymbol{y}}(k-1) + \boldsymbol{G}_f\boldsymbol{V}\{\ddot{d}_0(k) - \ddot{d}_0(k-1)\} \tag{6.91}$$

であり，上式を整理すると

$$\boldsymbol{r}(k) = \Theta(k-1) + \boldsymbol{G}_f\boldsymbol{V}\ddot{d}_0(k) \tag{6.92}$$

となる。ここに

$$\Theta(k-1) = \boldsymbol{r}(k-1) + \boldsymbol{G}_v\dot{\boldsymbol{y}}(k-1) + \boldsymbol{G}_a\ddot{\boldsymbol{y}}(k-1) - \boldsymbol{G}_f\boldsymbol{V}\ddot{d}_0(k-1) \tag{6.93}$$

である。式(6.93)は，すべて1ステップ前の制御力，見かけの応答量，入力地震動の情報である。

したがって，式(6.92)の表現から，時刻 k における制御力の算出には，その時刻の状態量を用いずに，その時刻に観測された外乱 $\ddot{d}_0(k)$ のみを用いて

いることから，**フィードフォワード制御**（feedforward control）となる。また，式(6.87)が**フィードフォワードゲインマトリクス**（feedforward gain matrix）となる。

ここで，式(6.93)の応答量は見かけの応答量であり，本来の速度，加速度応答ではないことに注意が必要であるが，相互の関係は $\varDelta\boldsymbol{g}=\boldsymbol{0}$ の場合は，次式で表される。

$$\dot{\boldsymbol{d}}=\boldsymbol{Q}\boldsymbol{P}_L\dot{\boldsymbol{y}} \tag{6.94}$$

$$\ddot{\boldsymbol{d}}=\boldsymbol{Q}\boldsymbol{P}_L\ddot{\boldsymbol{y}} \tag{6.95}$$

ここで，$\boldsymbol{Q}\boldsymbol{P}_L$ は正則マトリクスでないため，式(6.93)を本来の速度 $\dot{\boldsymbol{d}}$，加速度応答 $\ddot{\boldsymbol{d}}$ を用いて陽な形で表現することはできない。また，変位の増分表現は，式(6.66)より

$$\boldsymbol{d}(k+1)=\boldsymbol{d}(k)+\varDelta\boldsymbol{d} \tag{6.96}$$

である。変位増分 $\varDelta\boldsymbol{d}$ は，変位の制約条件ベクトル増分が $\varDelta\boldsymbol{g}=\boldsymbol{0}$ ならば，式(6.64)より

$$\varDelta\boldsymbol{d}=\boldsymbol{Q}\boldsymbol{P}_L\varDelta\boldsymbol{y} \tag{6.97}$$

で求められる。ここで，上式のみかけの変位増分 $\varDelta\boldsymbol{y}$ は，制御則誘導時の式(6.72)をそのまま用いることができ，次式のように表現される。

$$\begin{aligned}\varDelta\boldsymbol{d}=\boldsymbol{Q}\boldsymbol{P}_L\widetilde{\boldsymbol{K}}^{-1}\Big[&-\boldsymbol{Q}^T\boldsymbol{M}\boldsymbol{V}\varDelta\ddot{d}_0\\&+\left\{\frac{1}{\beta\varDelta t}\boldsymbol{Q}^T\boldsymbol{M}\boldsymbol{Q}\boldsymbol{P}_L+\frac{1}{2\beta}\boldsymbol{Q}^T\boldsymbol{C}\boldsymbol{Q}\boldsymbol{P}_L\right\}\dot{\boldsymbol{y}}(k)\\&+\left\{\frac{1}{2\beta}\boldsymbol{Q}^T\boldsymbol{M}\boldsymbol{Q}\boldsymbol{P}_L+\left(\frac{1}{4\beta}-1\right)\varDelta t\boldsymbol{Q}^T\boldsymbol{C}\boldsymbol{Q}\boldsymbol{P}_L\right\}\ddot{\boldsymbol{y}}(k)\Big]\end{aligned} \tag{6.98}$$

上式を整理すると

$$\varDelta\boldsymbol{d}=\bar{\boldsymbol{G}}_v\dot{\boldsymbol{y}}(k)+\bar{\boldsymbol{G}}_a\ddot{\boldsymbol{y}}(k)+\bar{\boldsymbol{G}}_f\boldsymbol{V}\varDelta\ddot{d}_0 \tag{6.99}$$

と表現できる。ここに，各ゲインマトリクスは

$$\bar{\boldsymbol{G}}_v=\boldsymbol{Q}\boldsymbol{P}_L\widetilde{\boldsymbol{K}}^{-1}\left\{\frac{1}{\beta\varDelta t}\boldsymbol{Q}^T\boldsymbol{M}\boldsymbol{Q}\boldsymbol{P}_L+\frac{1}{2\beta}\boldsymbol{Q}^T\boldsymbol{C}\boldsymbol{Q}\boldsymbol{P}_L\right\} \tag{6.100}$$

$$\bar{\boldsymbol{G}}_a=\boldsymbol{Q}\boldsymbol{P}_L\widetilde{\boldsymbol{K}}^{-1}\left\{\frac{1}{2\beta}\boldsymbol{Q}^T\boldsymbol{M}\boldsymbol{Q}\boldsymbol{P}_L+\left(\frac{1}{4\beta}-1\right)\varDelta t\boldsymbol{Q}^T\boldsymbol{C}\boldsymbol{Q}\boldsymbol{P}_L\right\} \tag{6.101}$$

$$\bar{\boldsymbol{G}}_f = -\boldsymbol{Q}\boldsymbol{P}_L\tilde{\boldsymbol{K}}^{-1}\boldsymbol{Q}^T\boldsymbol{M} \tag{6.102}$$

である。

式(6.99)を式(6.96)に代入すると

$$\boldsymbol{d}(k+1) - \boldsymbol{d}(k) = \bar{\boldsymbol{G}}_v\dot{\boldsymbol{y}}(k) + \bar{\boldsymbol{G}}_a\ddot{\boldsymbol{y}}(k) + \bar{\boldsymbol{G}}_f\boldsymbol{V}\varDelta\ddot{d}_0 \tag{6.103}$$

となる。また，上式に式(6.89)を代入して

$$\boldsymbol{d}(k+1) - \boldsymbol{d}(k) = \bar{\boldsymbol{G}}_v\dot{\boldsymbol{y}}(k) + \bar{\boldsymbol{G}}_a\ddot{\boldsymbol{y}}(k) + \bar{\boldsymbol{G}}_f\boldsymbol{V}\{\ddot{d}_0(k+1) - \ddot{d}_0(k)\} \tag{6.104}$$

となる。ここで，$k \equiv k-1$ とおくと，式(6.102)は

$$\begin{aligned}\boldsymbol{d}(k) = \boldsymbol{d}(k-1) &+ \bar{\boldsymbol{G}}_v\dot{\boldsymbol{y}}(k-1) + \bar{\boldsymbol{G}}_a\ddot{\boldsymbol{y}}(k-1)\\ &+ \bar{\boldsymbol{G}}_f\boldsymbol{V}\{\ddot{d}_0(k) - \ddot{d}_0(k-1)\}\end{aligned} \tag{6.105}$$

上式を整理すると

$$\boldsymbol{d}(k) = \bar{\Theta}(k-1) + \bar{\boldsymbol{G}}_f\boldsymbol{V}\ddot{d}_0(k) \tag{6.106}$$

となる。ここに

$$\begin{aligned}\bar{\Theta}(k-1) = \boldsymbol{d}(k-1) &+ \bar{\boldsymbol{G}}_v\dot{\boldsymbol{y}}(k-1) + \bar{\boldsymbol{G}}_a\ddot{\boldsymbol{y}}(k-1)\\ &- \bar{\boldsymbol{G}}_f\boldsymbol{V}\ddot{d}_0(k-1)\end{aligned} \tag{6.107}$$

である。式(6.107)は，すべて1ステップ前の実変位，みかけの応答量，入力地震動の情報である。

したがって，式(6.106)の表現から時刻 k における変位の算出には，その時刻に観測された外乱 $\ddot{d}_0(k)$ のみを用いており，通常の地震応答解析とまったく同じである。

しかし，式(6.106)で求められた変位は，式(6.92)の制御力を発生させることで，題意として与えた変位の制約条件を時刻歴中，つねに満足するものであり，通常の地震応答解析で扱われないマトリクスとしては，制約条件マトリクスに基本変形を施すことにより得られる正則マトリクス $\boldsymbol{Q}$，およびボット・ダフィン逆行列を用いる際の正射影マトリクス $\boldsymbol{P}_L$，$\boldsymbol{P}_{L^\perp}$ だけである。

6.6 簡単な地震応答制御解析例

6.6.1 解析モデルおよび制約条件

解析モデルは，**図 6.1** および**表 6.1** に示すような基礎固定の 2 質点系せん断型バネ・マスモデルとし，質量は各階均等で 98×10³kg，剛性は，式(6.108)により定まる逆三角形 1 次モードとなるような剛性分布を与えた。減衰は 1 次モードに対して 3 %の剛性比例型とした。なお，1 次固有周期 T_1〔s〕は，式(6.109)の建物高さを用いた鉄骨造建物の略算式により設定した。

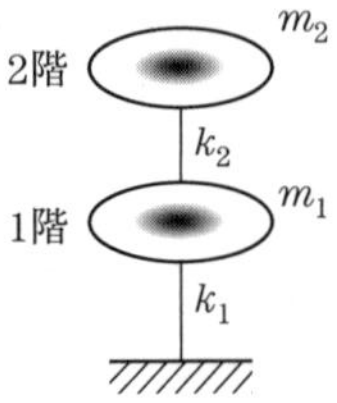

図 6.1　解析モデル

表 6.1　解析モデルの構造特性値

階	階高〔m〕	質量 ×10³〔kg〕	剛性〔kN/cm〕
2	3.5	98	1 528
1	4.0	98	2 293

$$k_i = \frac{1}{2}\{n(n+1) - i(i-1)\}\bar{m}\omega_1{}^2 \tag{6.108}$$

$$T_1 = 0.03\sum_{i=1}^{n} H_i = 0.03 \times (4.0 + 3.5) = 0.225 \text{〔s〕} \tag{6.109}$$

ここに，n：全階数，$\omega_1 = 2\pi/T_1$：1 次円振動数，T_1：1 次固有周期，$\bar{m}$：各階質量，H_i：各階階高である。

したがって，この場合の各層の剛性は，次のように求まる。

$$k_1 = 3\,\bar{m}\,\omega_1{}^2 = 3 \times 98 \times 10^3 \times \left(\frac{2\pi}{0.225}\right)^2 = 2\,293 \text{〔kN/cm〕} \tag{6.110}$$

$$k_2 = 2\,\bar{m}\,\omega_1{}^2 = 2 \times 98 \times 10^3 \times \left(\frac{2\pi}{0.225}\right)^2 = 1\,528 \text{〔kN/cm〕} \tag{6.111}$$

入力地震動は，1995 年兵庫県南部地震の際の神戸海洋気象台における NS 成分の加速度記録の主要動部分 20 秒間を最大速度が 10 cm/s になるように振幅を基準化して用いる。**図 6.2** に示すように，原波形（上段）の最大加速度は

818.0 cm/s²であるが，最大速度を10 cm/sとした場合の最大加速度は，90 cm/s² 程度である。

なお，非制御時の各階の変位応答を**図 6.3** に示す。

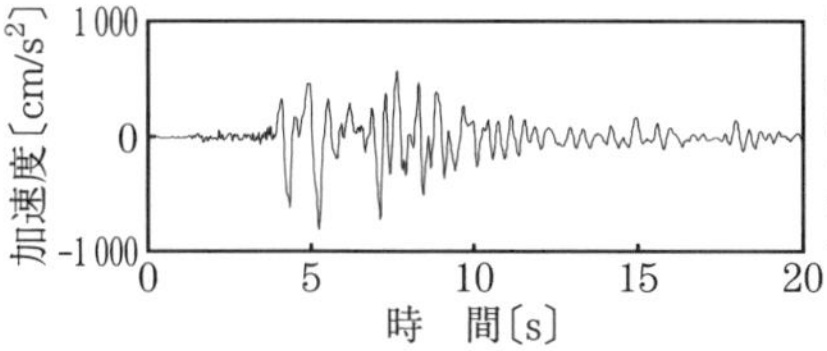

（a） 原波形（最大加速度 818.0 cm/s²）

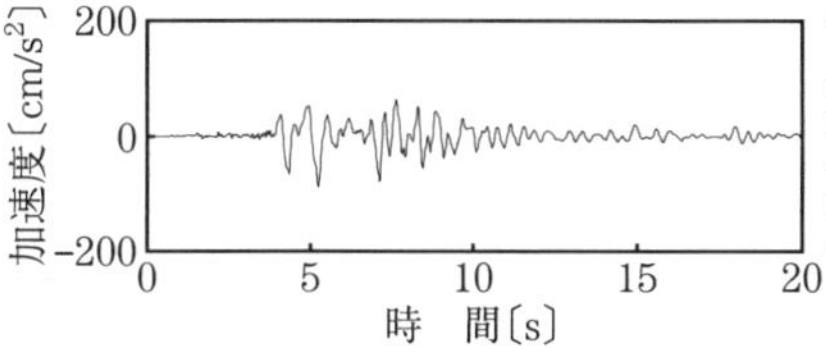

（b） 入力地震波（最大加速度 89.36 cm/s²）

図 6.2 入力地震動

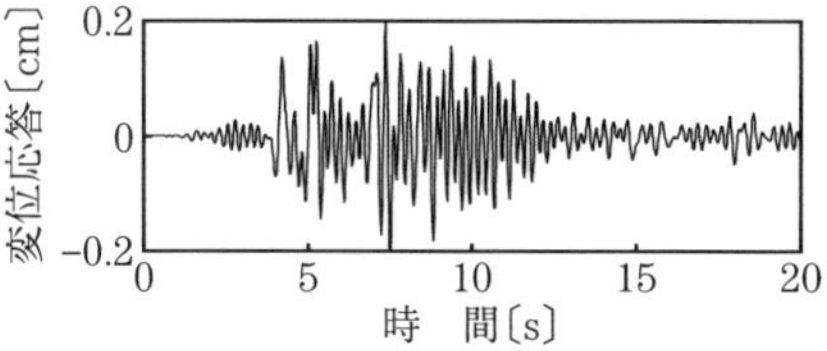

（a） 2 階（最大変位 0.20 cm）

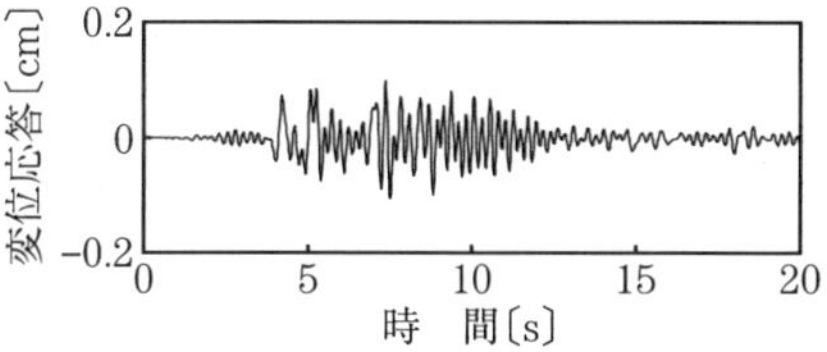

（b） 1 階（最大変位 0.10 cm）

図 6.3 変位応答（非制御時）

制約条件は，以下に示す 2 種類とする。

（i） 制約条件-1　［**例 4.3**］，［**例 4.4**］，［**例 4.5**］において扱われた制約条件を考える。この制約条件は，質点 1 と質点 2 の基礎からの相対変位を時刻歴中，つねに等しくする制約条件であり，その制約状態を**図 6.4**（a）に示す。また，この場合の制約条件式は，式(6.112)で表現される。

$$\begin{bmatrix} 1 & -1 \end{bmatrix} \begin{bmatrix} \varDelta d_1 \\ \varDelta d_2 \end{bmatrix} = 0 \tag{6.112}$$

（ii） 制約条件-2　［**例 6.1**］，［**例 6.2**］，［**例 6.3**］において扱われた制約条件を考える。この制約条件は逆三角形 1 次モード形状を時刻歴中，つねに満足させる制約条件であり，その制約状態を図 6.4（b）に示す。また，この場合の制約条件式は，式(6.113)で表現される。

$$\begin{bmatrix} -2 & 1 \end{bmatrix} \begin{bmatrix} \varDelta d_1 \\ \varDelta d_2 \end{bmatrix} = 0 \tag{6.113}$$

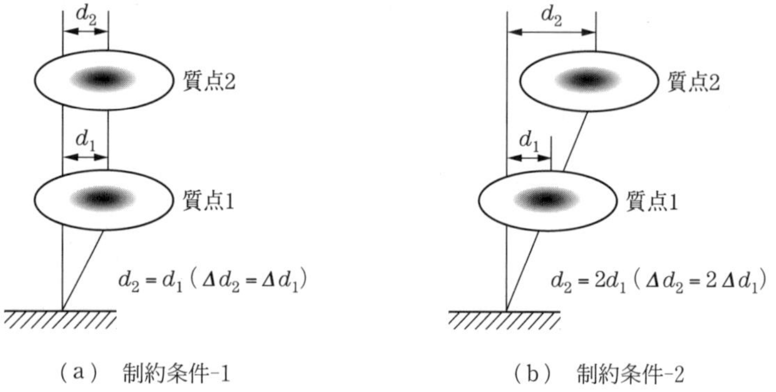

図 6.4　制約状態の概念図

6.6.2 解　析　結　果

制約条件-1 の場合の解析結果を**図 6.5** に示す。図(a)が基礎からの相対変位応答，図(b)が制約条件を満足するために必要となる制御力である。同様に，制約条件-2 の場合の解析結果を**図 6.6** に示す。

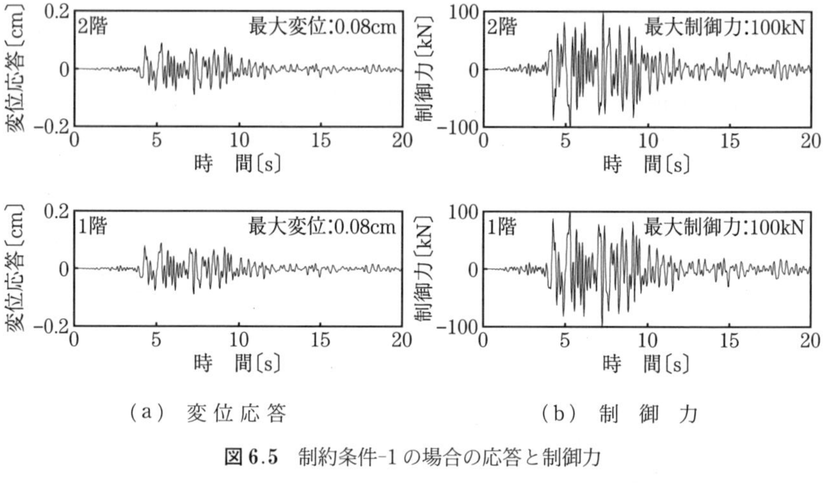

図 6.5　制約条件-1 の場合の応答と制御力

図 6.5(a)より，式(6.112)の制約条件を満足していることがわかる。この場合の変位応答量は非制御時の 1 階の応答量よりもわずかに小さい。また，この場合の制御力は 1 階と 2 階で，時刻歴中，つねに同値逆符号となっている。

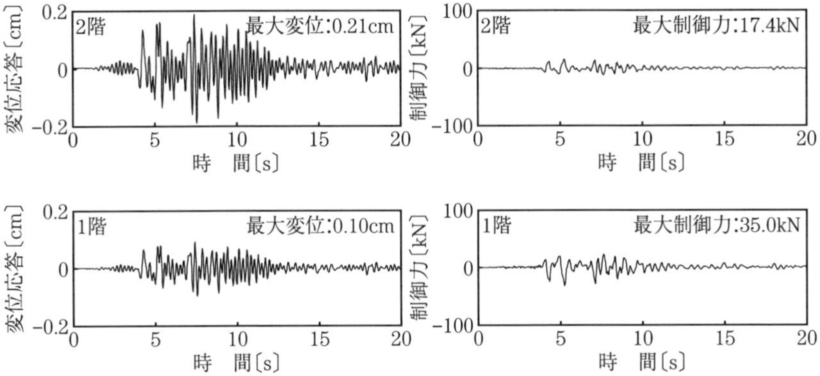

図 6.6 制約条件-2 の場合の応答と制御力

ここで，制御力は

$$\boldsymbol{r} = \boldsymbol{A}^T\boldsymbol{\lambda} \tag{6.114}$$

であり，式(6.112)の制約条件マトリクスを代入すると

$$\begin{bmatrix} r_1 \\ r_2 \end{bmatrix} = [1 \quad -1]^T\lambda = \begin{bmatrix} \lambda \\ -\lambda \end{bmatrix} \tag{6.115}$$

となり，この場合の各階の制御力がラグランジュ乗数そのものとなる。また，この際の最大制御力は 100 kN 程度と，建物全重量の 5 %程度である。

また，図 6.6(a)より，式(6.113)の制約条件を満足していることがわかる。この場合の変位応答量は，非制御時の各階の応答量にほぼ等しく，非制御時の応答は 1 次モード成分が支配的であることが推測される。また，この場合の制御力は，1 階の制御力が 2 階の制御力に対して 2 倍の値で逆符号となっている。制約条件-1 の場合と同様に，式(6.114)に式(6.113)の制約条件マトリクスを代入すると

$$\begin{bmatrix} r_1 \\ r_2 \end{bmatrix} = [-2 \quad 1]^T\lambda = \begin{bmatrix} -2\lambda \\ \lambda \end{bmatrix} \tag{6.116}$$

となり，この場合の 2 階の制御力がラグランジュ乗数そのものとなる。また，この際の最大制御力は，1 階において 35 kN 程度と，建物全重量の 2 %弱で

ある。このことから，制約条件-1に対して，振動形状を1次モード形状に保持するための制約条件-2は，制御系にとって容易な制約条件であることが理解できる。

また，非制御の場合における地動の効果は，次式の等価な外力ベクトルで表される。

$$\boldsymbol{f} = -\boldsymbol{MV}\ddot{d}_0 \tag{6.117}$$

また，制御力がある場合の等価な外力ベクトルは，次式で表される。

$$\boldsymbol{f} = -\boldsymbol{MV}\ddot{d}_0 - \boldsymbol{r} \tag{6.118}$$

各制約条件の場合における等価な外力ベクトルを，各質点における節点力で**図6.7**に示す。

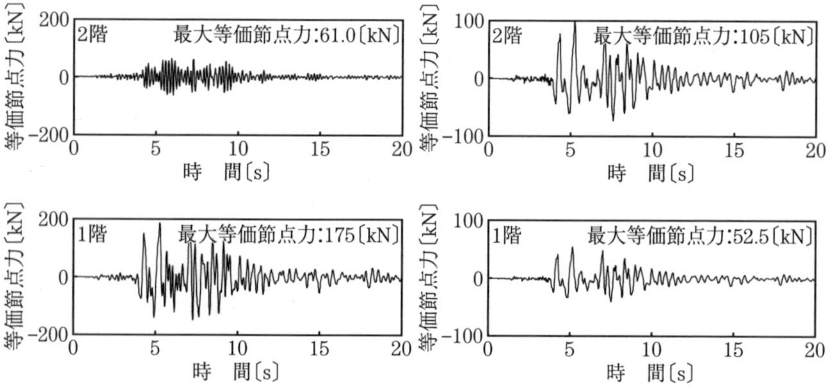

（a）　制約条件-1　　　（b）　制約条件-2

図6.7　等価節点力

非制御の場合は，各階均等質量のため，式(6.117)より，単位ベクトルを介して，各階の等価節点力はまったく等しくなる。それに対して，制約条件を与えた場合は，図6.7のように，制約条件を満足するために外力分布形を変化させるような制御力を作用させていると解釈できる。図(b)の制約条件-2の場合は，非制御時との比較において，2階の等価節点力はわずかに大きくなっている一方で，1階の等価節点力はわずかに小さくなっている。これは，2階の変位応答が非制御時よりもわずかに大きくなっている制御結果とも合致し，2次モード成分を打ち消すように外力分布形を変化させるための制御力は，図6.6(b)のように比較的小さな制御力で済むことが容易に理解される。

また，図(a)の制約条件-1の場合は，非制御時との比較において，2階の等価節点力がわずかに小さくなっている一方で，1階の等価節点力が約2倍となっている。非制御時からの外力分布形の変化度合いが著しいため，図6.5(b)のような過大な制御力が要求されていると理解できる。

6.6.3　モード解析法による解法

式(6.113)の制約条件-2の固有モード形状を制約条件とした解析例を特別な場合として，通常のモード解析法を用いて解いてみる。

制御状態においても，構造物と制御システムが線形であるならば，通常の非制御状態時の振動問題と同様に，モード分解を用いて多自由度系の応答を1自由度系の応答に変換することが可能である。

いま，制御力を構造物に作用させる（制御力型の）多自由度系モデルの運動方程式は

$$\boldsymbol{M}\ddot{\boldsymbol{d}} + \boldsymbol{C}\dot{\boldsymbol{d}} + \boldsymbol{K}\boldsymbol{d} = -\boldsymbol{M}\boldsymbol{V}\ddot{d}_0 - \boldsymbol{L}\boldsymbol{r} \tag{6.119}$$

である。ここに，$\boldsymbol{L}$：**制御力位置マトリクス**（location matrix for controllers），$\boldsymbol{V}$：単位マトリクスである。

ここで，質量マトリクスと剛性マトリクスで与えられる次式の非減衰固有値問題を考える。

$${}_s\omega^2 \boldsymbol{M}_s\boldsymbol{u} = \boldsymbol{K}_s\boldsymbol{u} \tag{6.120}$$

ここに，${}_s\omega$：s次の固有円振動数，${}_s\boldsymbol{u}$：s次の固有ベクトルである。このときのモードマトリクス$\boldsymbol{U}$は

$$\boldsymbol{U} = [{}_1\boldsymbol{u} \quad {}_2\boldsymbol{u} \quad \cdots \quad {}_n\boldsymbol{u}] \tag{6.121}$$

として表される。式(6.119)の解は，モードマトリクス$\boldsymbol{U}$を用いて

$$\boldsymbol{d} = \boldsymbol{U}\boldsymbol{q} \tag{6.122}$$

とおき，式(6.119)に代入すると

$$\boldsymbol{MU\ddot{q}} + \boldsymbol{CU\dot{q}} + \boldsymbol{KUq} = -\boldsymbol{MV}\ddot{d}_0 - \boldsymbol{Lr} \tag{6.123}$$

となる。両辺に $\boldsymbol{U}^T$ を前から掛けると

$$\boldsymbol{U}^T\boldsymbol{MU\ddot{q}} + \boldsymbol{U}^T\boldsymbol{CU\dot{q}} + \boldsymbol{U}^T\boldsymbol{KUq} = -\boldsymbol{U}^T\boldsymbol{MV}\ddot{d}_0 - \boldsymbol{U}^T\boldsymbol{Lr} \tag{6.124}$$

となり，固有ベクトルが各特性マトリクスを介して直交していることを考慮すれば，n 個のモード応答 ${}_sq$ に関して非連成化された運動方程式が得られる。

$${}_sM{}_s\ddot{q} + {}_sC{}_s\dot{q} + {}_sK{}_sq = -{}_sf - {}_sr \ ,\quad s = 1\cdots n \tag{6.125}$$

ここに

$${}_sM = {}_s\boldsymbol{u}^T\boldsymbol{M}{}_s\boldsymbol{u} \tag{6.126}$$

$${}_sC = {}_s\boldsymbol{u}^T\boldsymbol{C}{}_s\boldsymbol{u} \tag{6.127}$$

$${}_sK = {}_s\boldsymbol{u}^T\boldsymbol{K}{}_s\boldsymbol{u} \tag{6.128}$$

$${}_sf = {}_s\boldsymbol{u}^T\boldsymbol{MV}\ddot{d}_0 = {}_s\boldsymbol{u}^T\boldsymbol{M}\begin{bmatrix}1\\1\end{bmatrix}\ddot{d}_0 \tag{6.129}$$

$${}_sr = {}_s\boldsymbol{u}^T\boldsymbol{Lr} = {}_s\boldsymbol{u}^T\begin{bmatrix}1\\0\end{bmatrix}r_1 + {}_s\boldsymbol{u}^T\begin{bmatrix}0\\1\end{bmatrix}r_2 \tag{6.130}$$

であり，${}_sM$：s 次の**広義質量**（generalized mass），${}_sC$：s 次の**広義減衰係数**（generalized damping coefficient），${}_sK$：s 次の**広義剛性**（generalized stiffness），${}_sf$：**広義外力**（generalized forces），${}_sr$：**広義制御力**（generalized control force）である。

また，s 次モードの減衰定数 ${}_sh$ を次式で定義する。

$${}_sC = 2{}_sh\,{}_s\omega\,{}_sM \tag{6.131}$$

このとき，式(6.125)は

$$\begin{aligned}{}_s\ddot{q} + 2{}_sh\,{}_s\omega\,{}_s\dot{q} + {}_s\omega^2\,{}_sq &= -{}_s\beta\,\ddot{d}_0 - \sum_{i=1}^{n}({}_s\alpha_i\,r_i)\\ &= -{}_s\beta\,\ddot{d}_0 - {}_s\alpha_1\,r_{1-s}\alpha_2\,r_2\end{aligned} \tag{6.132}$$

となる。ここに，${}_s\beta$：地動に対する**刺激係数**（participation factor for earthquake），${}_s\alpha_i$：制御力 r_i に対する刺激係数（participation factor for control forces）であり，各々次式で表される。

$$ {}_s\beta = \frac{{}_s\boldsymbol{u}^T \boldsymbol{M} \boldsymbol{V}}{{}_s\boldsymbol{u}^T \boldsymbol{M}_s \boldsymbol{u}} \tag{6.133} $$

$$ {}_s\alpha_i = \frac{{}_s\boldsymbol{u}^T \boldsymbol{L}_i}{{}_s\boldsymbol{u}^T \boldsymbol{M}_s \boldsymbol{u}} \tag{6.134} $$

ここに，$\boldsymbol{L}_i$：制御力位置マトリクス $\boldsymbol{L}$ の i 列で構成される列ベクトルである。

$$ \left. \begin{aligned} {}_s\alpha_1 &= \frac{{}_s\boldsymbol{u}^T \begin{bmatrix} 1 \\ 0 \end{bmatrix}}{{}_s\boldsymbol{u}^T \boldsymbol{M}_s \boldsymbol{u}} \\ {}_s\alpha_2 &= \frac{{}_s\boldsymbol{u}^T \begin{bmatrix} 0 \\ 1 \end{bmatrix}}{{}_s\boldsymbol{u}^T \boldsymbol{M}_s \boldsymbol{u}} \end{aligned} \right\} \tag{6.135} $$

式(6.132)の解は

$$ {}_sq(t) = {}_s\beta\ {}_sq_0(t) + {}_s\alpha_1\ {}_sq_1(t) + {}_s\alpha_2\ {}_sq_2(t) \tag{6.136} $$

$$ {}_s\ddot{q}_0(t) + 2{}_sh\ {}_s\omega\ {}_s\dot{q}_0(t) + {}_s\omega^2\ {}_sq_0(t) = -\ \ddot{d}_0(t) \tag{6.137} $$

$$ {}_s\ddot{q}_1(t) + 2{}_sh\ {}_s\omega\ {}_s\dot{q}_1(t) + {}_s\omega^2\ {}_sq_1(t) = -\ r_1(t) \tag{6.138} $$

$$ {}_s\ddot{q}_2(t) + 2{}_sh\ {}_s\omega\ {}_s\dot{q}_2(t) + {}_s\omega^2\ {}_sq_2(t) = -\ r_2(t) \tag{6.139} $$

このとき，式(6.119)の解は

$$ \{d(t)\} = \sum_{s=1}^{n} {}_s\beta\{{}_s\boldsymbol{u}\}{}_sq_0(t) + \sum_{s=1}^{n} {}_s\alpha_1\{{}_s\boldsymbol{u}\}{}_sq_1(t) + \sum_{s=1}^{n} {}_s\alpha_2\{{}_s\boldsymbol{u}\}{}_sq_2(t) \tag{6.140} $$

と表現される。整理して

$$ \{d(t)\} = \sum_{s=1}^{n} \{{}_s\boldsymbol{u}\}({}_s\beta\ {}_sq_0(t) + {}_s\alpha_1\ {}_sq_1(t) + {}_s\alpha_2\ {}_sq_2(t)) \tag{6.141} $$

となる。各質点の応答を書き下せば

$$ \begin{aligned} d_1(t) = {}&{}_1u_1\,({}_1\beta\ {}_1q_0(t) + {}_1\alpha_1\ {}_1q_1(t) + {}_1\alpha_2\ {}_1q_2(t)) \\ &+ {}_2u_1\,({}_2\beta\ {}_2q_0(t) + {}_2\alpha_1\ {}_2q_1(t) + {}_2\alpha_2\ {}_2q_2(t)) \end{aligned} \tag{6.142} $$

$$ \begin{aligned} d_2(t) = {}&{}_1u_2\,({}_1\beta_1\ {}_1q_0(t) + {}_1\alpha_1\ {}_1q_1(t) + {}_1\alpha_2\ {}_1q_2(t)) \\ &+ {}_2u_2\,({}_2\beta\ {}_2q_0(t) + {}_2\alpha_1\ {}_2q_1(t) + {}_2\alpha_2\ {}_2q_2(t)) \end{aligned} \tag{6.143} $$

となる。

いま，制約条件として1次モード形状に保持することを考えると，2次モード成分を零にすることと等価である。すなわち

$$ {}_2\beta\ {}_2q_0(t) + {}_2\alpha_1\ {}_2q_1(t) + {}_2\alpha_2\ {}_2q_2(t) = 0 \tag{6.144} $$

である。したがって，式(6.142)，(6.143)は

$$ d_1(t) = {}_1u_1\left({}_1\beta\ {}_1q_0(t) + {}_1\alpha_1\ {}_1q_1(t) + {}_1\alpha_2\ {}_1q_2(t)\right) \tag{6.145} $$

$$ d_2(t) = {}_1u_2\left({}_1\beta\ {}_1q_0(t) + {}_1\alpha_1\ {}_1q_1(t) + {}_1\alpha_2\ {}_1q_2(t)\right) \tag{6.146} $$

となる。ここで，直交条件を導入する。

$$ \begin{aligned} \boldsymbol{d}^T\boldsymbol{r} &= d_1(t)\ r_1(t) + d_2(t)\ r_2(t) \\ &= \left({}_1\beta\ {}_1q_0(t) + {}_1\alpha_1\ {}_1q_1(t) + {}_1\alpha_2\ {}_1q_2(t)\right)\left({}_1u_1\ r_1(t) + {}_1u_2\ r_2(t)\right) \\ &= 0 \end{aligned} \tag{6.147} $$

式(6.147)において，一般に

$$ \left({}_1\beta\ {}_1q_0(t) + {}_1\alpha_1\ {}_1q_1(t) + {}_1\alpha_2\ {}_1q_2(t)\right) \neq 0 \tag{6.148} $$

より

$$ {}_1u_1\ r_1(t) + {}_1u_2\ r_2(t) = 0 \tag{6.149} $$

$$ r_1(t) = -\frac{{}_1u_2}{{}_1u_1} r_2(t) \tag{6.150} $$

となる。いま，図6.1の解析モデルの1次モード形状は，${}_1u_2/{}_1u_1 = 2$ であるため

$$ r_1(t) = -2\ r_2(t) \tag{6.151} $$

となり，式(6.116)の関係式を誘導することができた。したがって，固有モード形状を制約条件とする場合は，通常のモード解析法に直交条件を用いることで，変位制約問題を解くことができることを示した。言い換えると，固有モード形状を制約条件とした制御解析結果は，通常のモード解析法による地震応答解析結果とまったく同じ解釈が可能であるといえる。

7 固有モード形状を制約条件とした地震応答制御特性

7.1　変位モード制御の構造学的な意義

建築構造物のアクティブ制震における一般的な制御側では，構造物の応答値を低減するようにアクティブな制御力が求められる。しかし，本章においては，応答値そのものではなく，変位モード（振動形状）を制約することを主眼として，ボット・ダフィン逆行列を用いた応答制御を考える。したがって，制約条件によっては構造物の応答値が必ずしも低減されるとは限らないが，その工学的な意義を整理する。なお，任意の変位モードと固有モードの二つの場合に区別して示すが，固有モードは変位モードの特別な場合である。

まず，任意の変位モードに制御することに関しては，精密機械や重要機器が設置される特定階の応答を低減させるような変位モードに関する制約条件を考えることができる。また，特定階への損傷や応答の集中が容易に推測されるピロティ建物や耐力の高さ方向の分布が適切でないような既存の建築構造物に対して，アクティブ制震を使った制震レトロフィットに対しても応答の集中を緩和するような変位モードに関する制約条件を考えることができる。しかし，これらの制約条件により結果として低減された応答値が得られたとしても，応答値そのものを直接的に制御するアルゴリズムではないという点で明解でない部分も否めない。

次に，振動形状を固有モード形に制御することに関しては，その工学的な意義を次のように整理することができる。

多自由度系の線形応答を各次固有振動の１自由度応答の重ね合わせで表すモード重合法は周知のとおり有効な解析手法である。変位モードを固有モードに制御することにより，制御時応答が制約した固有モードに対応した固有振動の１自由度応答として評価することが可能となる。

例えば，１次の固有モードに制御することを考えると，非制御時の応答が１次モード支配であるほど，制御効果がなくなることは自明であるが，他の高次モードに制御することが要求制御力の供給に問題がなければ，応答低減の可能性が生じる。

なお，高次モードに制御するために必要となる制御力レベルは，低次モードに制御した場合に対して一般に大きくなることは容易に推測されるが，その定量的な把握は重要である。

また，制御時の応答値は各次固有振動の１自由度応答により簡単に評価することが可能となる反面，制約した各固有振動の周期域における入力地震動の増幅特性を前もって評価することが困難であるという点においては，制約モードの決定方法について不明解な部分が残る。しかし，この問題に対しては，本手法における制御が瞬間最適化を行っているため，地震発生後，局所スペクトルなどの非定常スペクトルを用いることにより，入力地震動特性をある時間幅で逐次把握しながら制約モードを決定するという可能性を秘めている。

したがって，フィードフォワード制御である瞬間形態制御理論を地震に対する制御アルゴリズムとして採用する場合は，リアルタイム地震工学との融合が有効となる。

7.2　単一の固有モードによる方法

7.2.1　解析モデルおよび制約条件

解析モデルは，**図 7.1** および**表 7.1** に示すような基礎固定の５質点系せん断型バネ・マスモデルとし，質量は各階均等で 98×10^3kg，剛性については，式(7.1)によって定まる逆三角形１次モードとなるような剛性分布を与えた。減

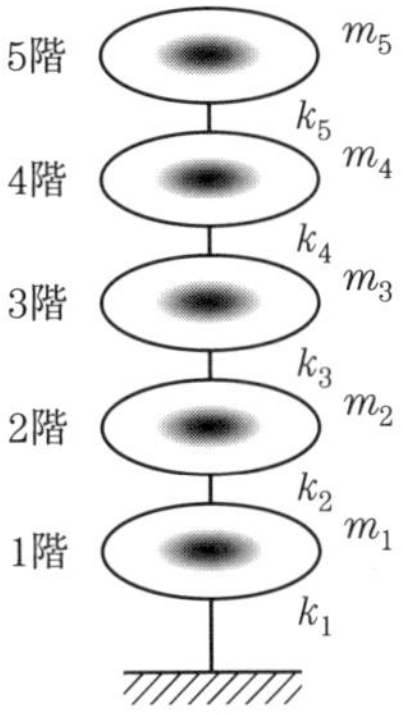

図 7.1 解析モデル

表 7.1 解析モデルの構造特性値

階	階高〔m〕	質量 $\times 10^3$〔kg〕	剛性〔kN/cm〕
5	3.5	98	663
4	3.5	98	1 194
3	3.5	98	1 592
2	3.5	98	1 858
1	4.0	98	1 990

衰は 1 次モードに対して 3 %の剛性比例型とした。なお，1 次固有周期 T_1〔s〕は，式(7.2)の建物高さを用いた鉄骨造建物の略算式により設定した。

$$k_i = \frac{1}{2}\{n(n+1) - i(i-1)\}\bar{m}\omega_1{}^2 \tag{7.1}$$

$$T_1 = 0.03\sum_{i=1}^{n} H_i = 0.03 \times (4.0 + 3.5 \times 4) = 0.54 \text{〔s〕} \tag{7.2}$$

ここに，n：全階数，$\omega_1 = 2\pi/T_1$：1 次固有円振動数，T_1：1 次固有周期，$\bar{m}$：各階質量，H_i：各階階高である。

したがって，この場合の各層の剛性は，次のように求まる。

$$k_1 = 15\,\bar{m}\,(\omega_1)^2 = 15 \times 98 \times 10^3 \times \left(\frac{2\pi}{0.54}\right)^2 = 1\,990 \text{〔kN/cm〕} \tag{7.3}$$

$$k_2 = 14\,\bar{m}\,(\omega_1)^2 = 14 \times 98 \times 10^3 \times \left(\frac{2\pi}{0.54}\right)^2 = 1\,858 \text{〔kN/cm〕} \tag{7.4}$$

$$k_3 = 12\,\bar{m}\,(\omega_1)^2 = 12 \times 98 \times 10^3 \times \left(\frac{2\pi}{0.54}\right)^2 = 1\,592 \text{〔kN/cm〕} \tag{7.5}$$

$$k_4 = 9\,\bar{m}\,(\omega_1)^2 = 9 \times 98 \times 10^3 \times \left(\frac{2\pi}{0.54}\right)^2 = 1\,194 \text{〔kN/cm〕} \tag{7.6}$$

$$k_5 = 5\,\bar{m}\,(\omega_1)^2 = 5 \times 98 \times 10^3 \times \left(\frac{2\pi}{0.54}\right)^2 = 663 \text{〔kN/cm〕} \tag{7.7}$$

また，固有値解析により得られたスペクトルマトリクス $\boldsymbol{\Omega}$ を式(7.8)に示し，最下階の元で基準化したモードマトリクス $\boldsymbol{U}$ を式(7.9)に示す。

$$\boldsymbol{\Omega} = \mathrm{diag}(\omega_1{}^2, \cdots, \omega_5{}^2)$$

$$= \begin{bmatrix} 11.629\,6 & 0 & 0 & 0 & 0 \\ & 28.486\,1 & 0 & 0 & 0 \\ & & 45.040\,8 & 0 & 0 \\ & & & 61.537\,8 & 0 \\ \text{sym.} & & & & 78.014\,2 \end{bmatrix} \tag{7.8}$$

$$\boldsymbol{U} = \begin{bmatrix} 1.000\,0 & 1.000\,0 & 1.000\,0 & 1.000\,0 & 1.000\,0 \\ 2.000\,0 & 1.642\,9 & 1.000\,0 & 0.071\,5 & -1.142\,9 \\ 3.000\,0 & 1.571\,5 & -0.250\,0 & -1.178\,6 & 0.642\,9 \\ 4.000\,0 & 0.428\,6 & -1.500\,0 & 0.821\,4 & -0.190\,5 \\ 5.000\,0 & -2.142\,9 & 0.750\,0 & -0.178\,6 & 0.023\,8 \end{bmatrix} \tag{7.9}$$

入力地震動は，図6.2に示した1995年兵庫県南部地震の際のJMA神戸（神戸海洋気象台）におけるNS成分の加速度記録の主要動部分20秒間を最大速度が10 cm/sになるように振幅を基準化したものを用いる。なお，解析の時間刻みは0.01秒とする。

制約条件は，時刻歴中の振動形状をつねに単一のs次モード形に保持させるものである。この場合の制約条件マトリクスは，式(7.9)のモードマトリクスの成分を用いて作成することができる。制約条件数$m=4$，すなわちすべての階に制震装置を設置し，振動形状を1次モード形あるいは，2次モード形に制御する場合の制約条件式は次のように表される。

〔1〕 **全階制約**（$m=4$）

（i） 完全な1次モード形に振動形状を制御する場合

$$\begin{bmatrix} -2 & 1 & 0 & 0 & 0 \\ -3 & 0 & 1 & 0 & 0 \\ -4 & 0 & 0 & 1 & 0 \\ -5 & 0 & 0 & 0 & 1 \end{bmatrix} \begin{bmatrix} \varDelta d_1 \\ \varDelta d_2 \\ \varDelta d_3 \\ \varDelta d_4 \\ \varDelta d_5 \end{bmatrix} = \begin{bmatrix} 0 \\ 0 \\ 0 \\ 0 \end{bmatrix} \tag{7.10}$$

（ii） 完全な2次モード形に振動形状を制御する場合

$$\begin{bmatrix} -1.6429 & 1 & 0 & 0 & 0 \\ -1.5715 & 0 & 1 & 0 & 0 \\ -0.4286 & 0 & 0 & 1 & 0 \\ 2.1429 & 0 & 0 & 0 & 1 \end{bmatrix} \begin{bmatrix} \Delta d_1 \\ \Delta d_2 \\ \Delta d_3 \\ \Delta d_4 \\ \Delta d_5 \end{bmatrix} = \begin{bmatrix} 0 \\ 0 \\ 0 \\ 0 \end{bmatrix} \tag{7.11}$$

ここで，式(7.10)，(7.11)の右辺の制約条件ベクトルが零であるため，応答量そのものではなく，変位モードを制約していることを意味する。

全部の階に制震装置を設置することにより離散化した上での固有モード形に振動形状を完全に制御することが理論的には可能となる。しかし，現実的な制御を考えた場合は，制約条件数，すなわち制震装置を設置する階の数は極力少ないほうがシステムの構成上，あるいは経済性において望ましいため，なるべく少ない制約条件数で工学的に許容できる範囲で固有モード形に制御することを考える必要がある。

そこで，制約条件数を解析のパラメータとし，全階制約の場合に対して，制約条件数の減少による固有モード形に対する振動形状の満足度，およびその際の応答と制御力について数値解析的に検討する。

〔2〕 1，3，5階制約（$m=2$）

（i） 近似的な1次モード形に振動形状を制御する場合

$$\begin{bmatrix} -3 & 0 & 1 & 0 & 0 \\ -5 & 0 & 0 & 0 & 1 \end{bmatrix} \begin{bmatrix} \Delta d_1 \\ \Delta d_2 \\ \Delta d_3 \\ \Delta d_4 \\ \Delta d_5 \end{bmatrix} = \begin{bmatrix} 0 \\ 0 \end{bmatrix} \tag{7.12}$$

（ii） 近似的な2次モード形に振動形状を制御する場合

$$\begin{bmatrix} -1.571\,5 & 0 & 1 & 0 & 0 \\ 2.142\,9 & 0 & 0 & 0 & 1 \end{bmatrix} \begin{bmatrix} \varDelta d_1 \\ \varDelta d_2 \\ \varDelta d_3 \\ \varDelta d_4 \\ \varDelta d_5 \end{bmatrix} = \begin{bmatrix} 0 \\ 0 \end{bmatrix} \tag{7.13}$$

〔3〕 **3，5 階制約**（$m = 1$）

（i） 近似的な 1 次モード形に振動形状を制御する場合

$$\begin{bmatrix} 0 & 0 & -5 & 0 & 3 \end{bmatrix} \begin{bmatrix} \varDelta d_1 \\ \varDelta d_2 \\ \varDelta d_3 \\ \varDelta d_4 \\ \varDelta d_5 \end{bmatrix} = 0 \tag{7.14}$$

（ii） 近似的な 2 次モード形に振動形状を制御する場合

$$\begin{bmatrix} 0 & 0 & 2.142\,9 & 0 & 1.571\,5 \end{bmatrix} \begin{bmatrix} \varDelta d_1 \\ \varDelta d_2 \\ \varDelta d_3 \\ \varDelta d_4 \\ \varDelta d_5 \end{bmatrix} = 0 \tag{7.15}$$

7.2.2 解　析　結　果

最大変位分布を**図 7.2** に示す。また，最上階が最大変位となる時刻において，最下階の変位で基準化した変位比で表現された振動形状を**図 7.3** に示す。さらに，各制約条件件数に対して要求される最大制御力分布を**図 7.4** に示す。

図 7.3 より，1 次モード制御時における制約条件数の違いによる振動形状の変動はほとんどない一方で，2 次モード制御時においては，その変動が見られる。特に，図(b)より，目標形状となる $m = 4$ の場合の振動形状に対して，$m = 2$ の場合の非制約階である 4 階の適合度が低く，むしろ，制約条件数の

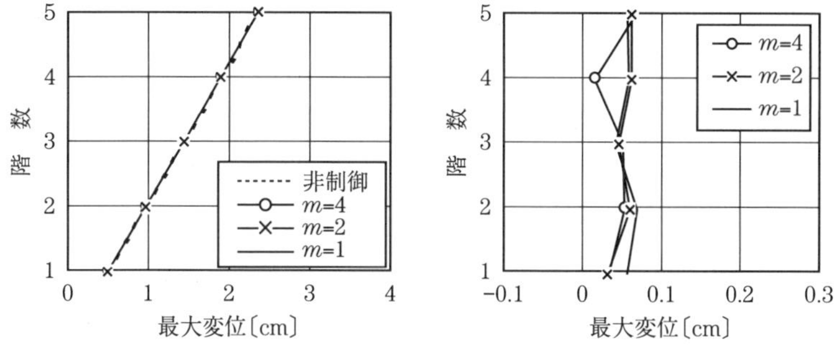

（a） 1次モード制御　　（b） 2次モード制御

図7.2 最大変位分布

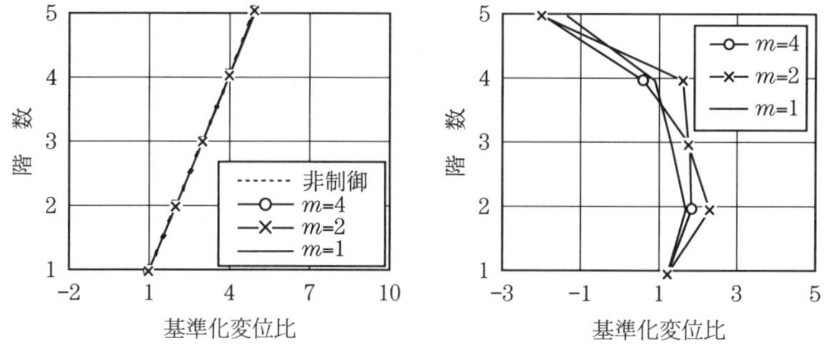

（a） 1次モード制御　　（b） 2次モード制御

図7.3 振 動 形 状

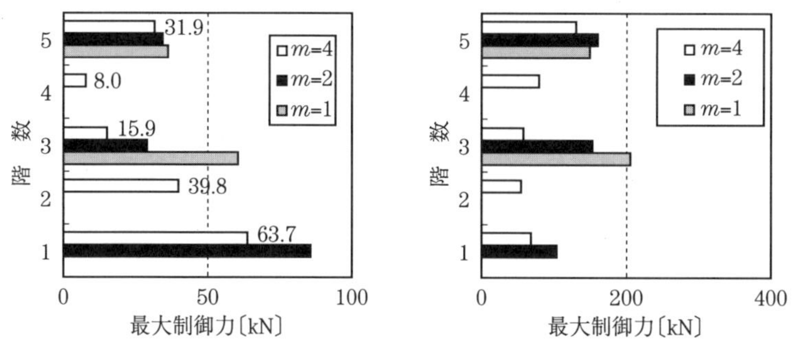

（a） 1次モード制御　　（b） 2次モード制御

図7.4 最大制御力分布

少ない $m=1$ の場合の適合度が全体的に良好であることから，制約条件数を合理的に少なくできる可能性があることを示唆している。現実的な制御を考えた場合も，制約条件数，すなわち制震装置を設置する階の数が極力少ない方が望ましいことから，制約条件数は $m=1$，制震装置を設置する階の数は 2 としても実用上あまり問題がないものと考えられる。

しかし，制約条件数による最大制御力の変動は，図 7.4 のように大きく，仮に，制震装置を設置する階の数を 2 としても，制震装置の効率的な配置の問題が残る。なお，制震装置の最適配置の問題は，7.2.4 項で議論される。

7.2.3 制 御 力 分 布

制御力と外力の関係式は，式(4.97)より

$$\boldsymbol{r} = \boldsymbol{A}^T\boldsymbol{\lambda} = \boldsymbol{A}^T[\boldsymbol{A}\boldsymbol{K}^{-1}\boldsymbol{A}^T]^{-1}\boldsymbol{A}\boldsymbol{K}^{-1}\boldsymbol{f} \tag{7.16}$$

であるが，地動を受ける場合，地動の効果は次式のような等価な外力ベクトルで表される。

$$\boldsymbol{f} = -\boldsymbol{M}\boldsymbol{V}\ddot{d}_0 \tag{7.17}$$

式(7.17)を式(7.16)に代入すると

$$\boldsymbol{r} = -\boldsymbol{A}^T[\boldsymbol{A}\boldsymbol{K}^{-1}\boldsymbol{A}^T]^{-1}\boldsymbol{A}\boldsymbol{K}^{-1}\boldsymbol{M}\boldsymbol{V}\ddot{d}_0 \tag{7.18}$$

となる。したがって，制御力の分布形状は，制約条件マトリクス $\boldsymbol{A}$，質量マトリクス $\boldsymbol{M}$，そして剛性マトリクス $\boldsymbol{K}$ により陽に求められ，その大きさは地動の最大加速度値に依存することがわかる。

◀ 例 7.1 ▶

式(7.12)の制約条件を与えたときの制御力分布を理論的に求める。

▶ 解　解析モデルの特性マトリクスは次のようになる。質量マトリクスは

$$\boldsymbol{M} = \bar{m}\boldsymbol{M}^* = \bar{m}\,\boldsymbol{I} = \bar{m}\begin{bmatrix} 1 & 0 & 0 & 0 & 0 \\ & 1 & 0 & 0 & 0 \\ & & 1 & 0 & 0 \\ & & & 1 & 0 \\ \text{sym.} & & & & 1 \end{bmatrix} \tag{7.19}$$

剛性マトリクスは，式(7.3)～式(7.7)より，

$$\boldsymbol{K} = \bar{m}(\omega_1)^2\boldsymbol{K}^* = \bar{m}(\omega_1)^2\begin{bmatrix} 29 & -14 & 0 & 0 & 0 \\ & 26 & -12 & 0 & 0 \\ & & 21 & -9 & 0 \\ & & & 14 & -5 \\ \text{sym.} & & & & 5 \end{bmatrix} \tag{7.20}$$

となる。制約条件マトリクスは，式(7.10)であり，再記すると

$$\boldsymbol{A} = \begin{bmatrix} -2 & 1 & 0 & 0 & 0 \\ -3 & 0 & 1 & 0 & 0 \\ -4 & 0 & 0 & 1 & 0 \\ -5 & 0 & 0 & 0 & 1 \end{bmatrix} \tag{7.21}$$

である。式(7.19)～(7.21)を式(7.16)に代入して，マトリクス演算を行うと

$$\boldsymbol{r} = -\boldsymbol{A}^T[\boldsymbol{A}(\boldsymbol{K}^*)^{-1}\boldsymbol{A}^T]^{-1}\boldsymbol{A}(\boldsymbol{K}^*)^{-1}\boldsymbol{M}^*\boldsymbol{V}\bar{m}\,\ddot{d}_0 = -\begin{bmatrix} 0.727\,3 \\ 0.454\,5 \\ 0.181\,8 \\ -0.090\,9 \\ -0.363\,6 \end{bmatrix}\bar{m}\,\ddot{d}_0 \tag{7.22}$$

となる。ここで，係数ベクトルの3階の元を1として，基準化すると

$$\boldsymbol{r} = \begin{bmatrix} 4.0 \\ 2.5 \\ 1.0 \\ -0.5 \\ -2.0 \end{bmatrix}(-0.181\,8)\,\bar{m}\,\ddot{d}_0 \tag{7.23}$$

となり，この場合の制御力分布が陽に決定される。

ここで，制約した変位と制御力の直交性を調べる。

$$\boldsymbol{d}^T\boldsymbol{r} = [1 \quad 2 \quad 3 \quad 4 \quad 5]\begin{bmatrix} 4.0 \\ 2.5 \\ 1.0 \\ -0.5 \\ -2.0 \end{bmatrix}(-0.181\,8)\,\bar{m}\,\ddot{d}_0 = 0 \tag{7.24}$$

上式より，直交条件を満足していることが確認できた。

また，各階の最大制御力は，式(7.23)において，$\bar{m} = 98 \times 10^3\,\mathrm{kg} = 98\,\mathrm{t}$，$\ddot{d}_0 = 89.4\,\mathrm{cm/s^2} = 0.894\,\mathrm{m/s^2}$ を代入して，絶対値をとると

$$\boldsymbol{r} = \left| \begin{bmatrix} 4.0 \\ 2.5 \\ 1.0 \\ -0.5 \\ -2.0 \end{bmatrix} (-0.181\,8) \times 98 \times 0.894 \right| = \begin{bmatrix} 63.7 \\ 39.8 \\ 15.9 \\ 8.0 \\ 31.9 \end{bmatrix} \tag{7.25}$$

と求まり，図 7.4(a)に示した $m = 4$（全階制約）で完全な 1 次モード形状に制御した場合の最大制御力の結果と合致する。

7.2.4　合理的な制約位置の選択

7.2.3 節の解析結果より，制約条件数による最大制御力の変動が大きいことが明らかとなった。また，制震装置を設置する階の数を 2 としても，制震装置の効率的な配置の問題が残っているが，制震装置の最適配置は，モード解析における制御力に対する刺激係数により決定することができる[1)]。

制御力の刺激係数は，式(6.134)より

$$ {}_s\alpha_i = \frac{{}_s\boldsymbol{u}^T \boldsymbol{L}_i}{{}_s\boldsymbol{u}^T \boldsymbol{M}\, {}_s\boldsymbol{u}} \tag{7.26}$$

である。ここに，s：モード次数，i：制御力作用階の番号，${}_s\boldsymbol{u}$：s 次の固有モードベクトル，$\boldsymbol{L}_i$：$(n \times m)$ 制御力位置マトリクスの i 列で構成される列ベクトルである。

上式で定義される係数 ${}_s\alpha_i$ は，固有モード形と制御力の設置作用位置によって決定される制御力の影響係数であり，各モードに対して制御力をどの位置に作用することが最も効果的かを示唆するものである[1)]。

図 7.5 は，制御力を最上階，中間階，そして最下階にそれぞれ作用させた場合の制御力に対する刺激係数の分布を示している。すなわち，図の横軸は，制御力に対する刺激係数の絶対値の総和で，各モードに対応する刺激係数を除した値である。例えば，最上階の 5 階に制震装置を設置した場合の 1 次モードに対する刺激係数の割合は，式(7.26)において，$i = 5$ として

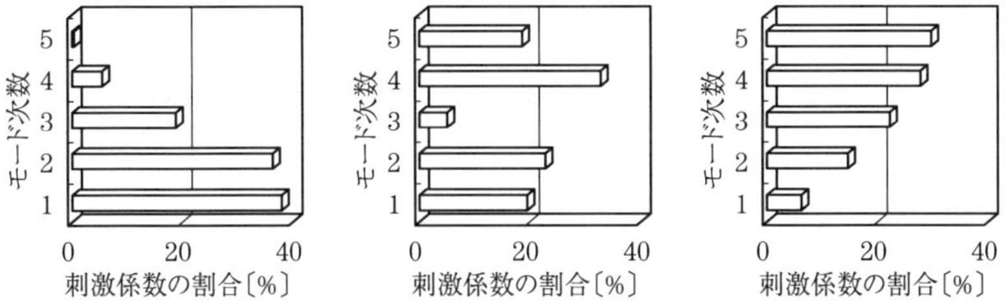

（a） 5階（最上階）　（b） 3階（中間階）　（c） 1階（最下階）

図7.5 制御力に対する刺激係数の分布

$$\frac{\left|{}_1\alpha_5\right|}{\sum_{s=1}^{n}\left|{}_s\alpha_5\right|} \tag{7.27}$$

と求められる。ここで

$${}_s\alpha_5 = \frac{{}_s\boldsymbol{u}^T[\,0\;0\;0\;0\;1\,]^T}{{}_s\boldsymbol{u}^T\boldsymbol{M}\;{}_s\boldsymbol{u}} \qquad s = 1,\cdots,5 \tag{7.28}$$

である。

図7.5より，5階に制御力を作用させた場合には，1次モードおよび2次モードに対して最も有効であり，3階に制御力を発生させた場合は，4次モードに対して最も有効となるが，3次モード以外は他のモードに対しても同程度に有効であることがわかる。一般に，同じ大きさの制御力を作用させることを考えると，刺激係数の絶対値が大きいモード形の腹近傍に制御力を作用させた方が効率的であるといえる。

したがって，制約条件数 $m = 1$ で，1次モードおよび2次モード形を振動形状の制約条件とするならば，1次モードと2次モードに対する刺激係数の割合が大きな階を制御力の作用位置として選択すれば最も効率的となる。ここでの解析モデルの場合，5階は1次モードと2次モードとも作用位置としては最適である。残りのもう一つの作用位置については，1次モードに対しては上層ほど効率的であるが，2次モードに対しては，1次モード制御時よりも要求される制御力が一般に大きくなるため，モード形の腹近傍の3階を残りの作用位置として選択することが望ましいと考えられる。そこで，5質点系モデルを用いた本章の解析において，制御力の作用位置は５階と３階に固定する。なお，１階に制御力を作用させる場合は，高次モードに対して効果的である一方，低次モードに対しては不合理であることがわかる。

◀ 例 7.2 ▶

制約条件数 $m=1$ で最下階と最上階の応答比を制約した式(7.29)，(7.30)の制約条件式を用いた場合の制御力と応答特性を求め，中間階と最上階の応答比を制約した式(7.14)，(7.15)を制約条件式とした場合の制御結果と比較する。

▶ 解

$m=1$（１, ５階制約）で近似的な１次モード形に振動形状を制御する場合

$$\begin{bmatrix}-5 & 0 & 0 & 0 & 1\end{bmatrix}\begin{bmatrix}\varDelta d_1\\ \varDelta d_2\\ \varDelta d_3\\ \varDelta d_4\\ \varDelta d_5\end{bmatrix}=0 \tag{7.29}$$

$m=1$（１, ５階制約）で近似的な２次モード形に振動形状を制御する場合

$$\begin{bmatrix}2.142\,9 & 0 & 0 & 0 & 1\end{bmatrix}\begin{bmatrix}\varDelta d_1\\ \varDelta d_2\\ \varDelta d_3\\ \varDelta d_4\\ \varDelta d_5\end{bmatrix}=0 \tag{7.30}$$

図 7.6 に最上階との応答比を制約する階として３階，および１階を選択した場合に，各モード形に振動形状を制御するために必要な制御力を示す。最上階の制御力は残りの階の選択による変動は大きくないが，いずれのモードに対しても残りの制震装置の設置位置により，当該階に要求される制御力が大きく異なる結果となっている。この解析例の場合，応答値，制約モードの適合度，そして必要とされる制御力から，５階と１階に制震装置を設置する場合に比較して，５階と３階に設置した方が合理的に制御されることが理解できる。

この結果は，図 7.5(c)のように，１階に制震装置を設置した場合の低次モードに対する刺激係数の割合が小さいことに起因する。

振動形状が各モード形を保持することを目標に，式(7.29)，および式(7.30)によ

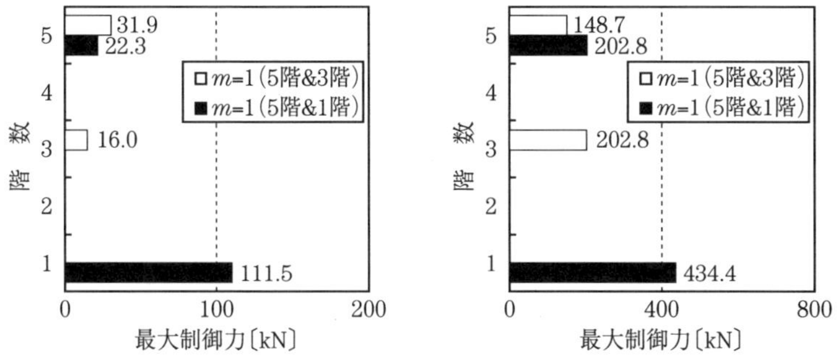

（a） 1次モード制御　　（b） 2次モード制御

図 7.6　必要制御力

り制約した場合の最大変位分布を**図 7.7** に示す。さらに，最上階が最大変位となる時刻において，最下階の変位で基準化した振動形状を**図 7.8** に示す。

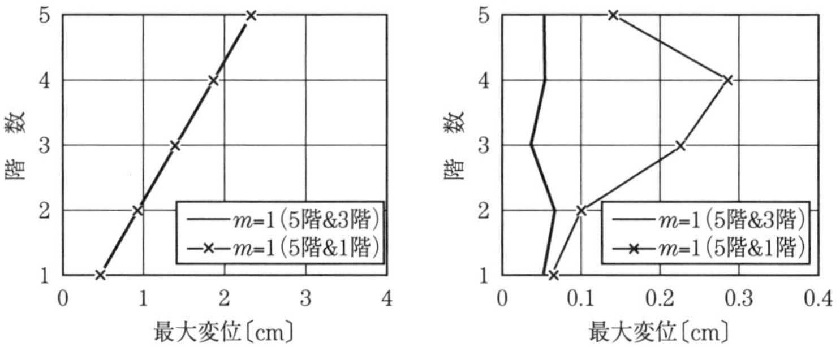

（a） 1次モード制御　　（b） 2次モード制御

図 7.7　最大変位分布

1次モード形を目標に振動形状を制約した場合の制御特性は，制震装置の設置位置による応答レベル，および振動形状の変動がほとんどないことから，安定的で満足的な制御となることがわかる。一方，2次モード形を目標に振動形状を制約した場合の制御特性は，制震装置の設置位置による応答レベル，および振動形状の変動が非常に大きく，不安定な制御となっている。最下階である1階に制震装置を設置した場合は，応答レベルや振動形状に関して不満足な制御になっているにもかかわらず，過大な制御力が費やされるような不合理な制御となっていることがわかる。

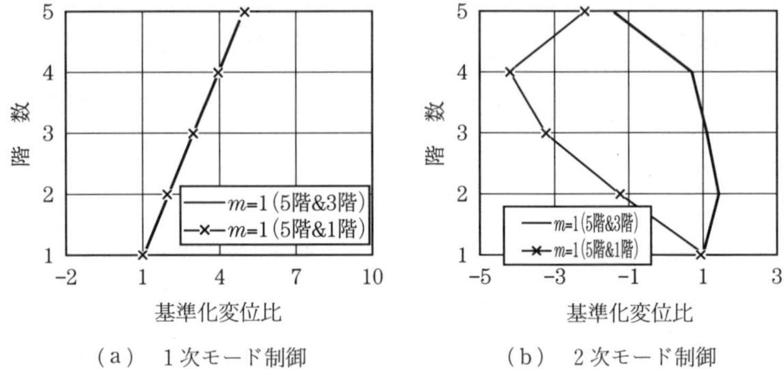

図7.8　振 動 形 状

［**例7.2**］より，極力小さな制御力によって満足化制御を実現させるためには，各モードに対して制御力をどの位置に作用することが最も効果的かを示唆する制御力に対する刺激係数の分布により，制震装置の設置位置を決定すべきであることが確認できた。

7.3　複数の固有モードによる方法

7.3.1　制御力の創出

これまでの研究成果により，単一の固有モード形を振動形状の制約条件とする制御特性に関して基礎的な知見が得られている。すなわち，1次モード形を満足するための制御力に関する各不確かさ要因に対するロバスト安定な性質と，2次モード形を満足するための制御力による応答低減効果である。

そこで，複数固有モード制御時の制御力 $\boldsymbol{r}^*$ を次式により創生する。

$$\boldsymbol{r}^* = {}_1w\,{}_1\boldsymbol{r} + {}_2w\,{}_2\boldsymbol{r} \tag{7.31}$$

ここに，${}_1\boldsymbol{r}$：1次モード形を満足するための制御力，${}_2\boldsymbol{r}$：2次モード形を満足するための制御力，${}_1w$：${}_1\boldsymbol{r}$ の重み係数，${}_2w$：${}_2\boldsymbol{r}$ の重み係数であり，${}_1w + {}_2w = 1$ である。

すなわち，各々の固有モード形を振動形状の制約条件として解析された制御力を任意の重み付けで合成した制御力を新たに創生し，駆動させるものである。また，この重み係数は設計者が任意に与えることができ，時間ステップごとに変化させることも可能である。

制御力型の運動方程式は

$$\boldsymbol{M}\ddot{\boldsymbol{d}} + \boldsymbol{C}\dot{\boldsymbol{d}} + \boldsymbol{K}\boldsymbol{d} = -\boldsymbol{M}\boldsymbol{V}\ddot{d}_0 + \boldsymbol{r}^* \tag{7.32}$$

式(7.31)を(7.32)に代入すると

$$\boldsymbol{M}\ddot{\boldsymbol{d}} + \boldsymbol{C}\dot{\boldsymbol{d}} + \boldsymbol{K}\boldsymbol{d} = -\boldsymbol{M}\boldsymbol{V}\ddot{d}_0 + {}_1w\,{}_1\boldsymbol{r} + {}_2w\,{}_2\boldsymbol{r} \tag{7.33}$$

となる。また，スカラー量である地動加速度を次式のようにおく。

$$\ddot{d}_0 = ({}_1w + {}_2w)\ddot{d}_0 \tag{7.34}$$

ここに

$${}_1w + {}_2w = 1 \tag{7.35}$$

である。

式(7.34)を(7.33)に代入すると

$$\boldsymbol{M}\ddot{\boldsymbol{d}} + \boldsymbol{C}\dot{\boldsymbol{d}} + \boldsymbol{K}\boldsymbol{d} = -\boldsymbol{M}\boldsymbol{V}({}_1w + {}_2w)\ddot{d}_0 + {}_1w\,{}_1\boldsymbol{r} + {}_2w\,{}_2\boldsymbol{r} \tag{7.36}$$

となり，${}_1w$，${}_2w$ で整理すると

$$\boldsymbol{M}\ddot{\boldsymbol{d}} + \boldsymbol{C}\dot{\boldsymbol{d}} + \boldsymbol{K}\boldsymbol{d} = \{-\boldsymbol{M}\boldsymbol{V}\ddot{d}_0 + {}_1\boldsymbol{r}\}{}_1w + \{-\boldsymbol{M}\boldsymbol{V}\ddot{d}_0 + {}_2\boldsymbol{r}\}{}_2w \tag{7.37}$$

となる。いま，${}_2w = 0$ を考えると，右辺第2項が零となり，${}_1w = 1$ となるので

$$\boldsymbol{M}\ddot{\boldsymbol{d}} + \boldsymbol{C}\dot{\boldsymbol{d}} + \boldsymbol{K}\boldsymbol{d} = -\boldsymbol{M}\boldsymbol{V}\ddot{d}_0 + {}_1\boldsymbol{r} \tag{7.38}$$

が得られ，1次モード単独制約時の制御力型の運動方程式となる。

また，式(7.37)を次式のように書き換える。

$$\boldsymbol{M}\ddot{\boldsymbol{d}} + \boldsymbol{C}\dot{\boldsymbol{d}} + \boldsymbol{K}\boldsymbol{d} = {}_1\boldsymbol{f} + {}_2\boldsymbol{f} \tag{7.39}$$

ここに

$${}_1\boldsymbol{f} = \{-\boldsymbol{M}\boldsymbol{V}\ddot{d}_0 + {}_1\boldsymbol{r}\}{}_1w \tag{7.40}$$

$${}_2\boldsymbol{f} = \{-\boldsymbol{M}\boldsymbol{V}\ddot{d}_0 + {}_2\boldsymbol{r}\}{}_2w \tag{7.41}$$

である。すなわち，求めるべき解 $\boldsymbol{d}$ は，線形問題の場合，式(7.40)を外力と

した解と式(7.41)を外力とした解の重ね合わせとして求めることができる。

最大制御力分布を**図 7.9** に示す。合成された最大制御力はいずれの階においても 1 次モード制御時と 2 次モード制御時に必要な制御力の中間的な制御力レベルとなっている。

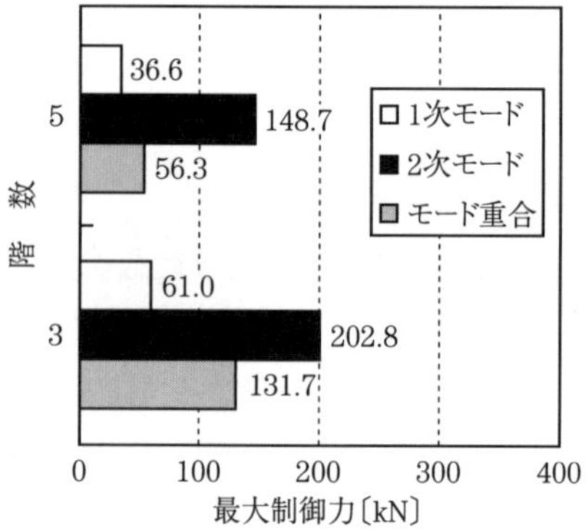

図 7.9　最大制御力分布

7.3.2　解　析　条　件

解析モデルは，図 7.1 に示した 5 質点系のバネ・マスモデルをそのまま用いる。振動形状に関する制約条件式は，1 次モード形に制御する場合は，式(7.14)を用い，2 次モード形に制御する場合は式(7.15)を用いる。

入力地震動は，図 6.2 に示した加速度波形を用いる。また，各モードの重み係数は，${}_1w = {}_2w = 0.5$ とする。

7.3.3　解　析　結　果

図 6.2 の入力地震動に対して式(7.31)によって新たに創生された制御力を作用させた場合の最大変位分布を**図 7.10**(a)に示す。さらに，最上階が最大変位となる時刻において最下階の変位で基準化した振動形状を図(b)に示す。

最大変位ついては，いずれの地震動に対しても合成した制御力を作用させることにより，1 次モード制御時と 2 次モード制御時の中間的な応答レベルに制御されている。なお，この場合の変位は，式(7.31)の制御力の表現とまったく

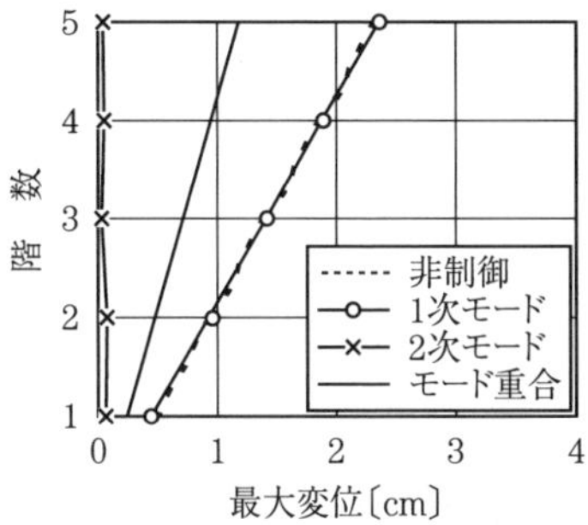

（a） 最大変位分布

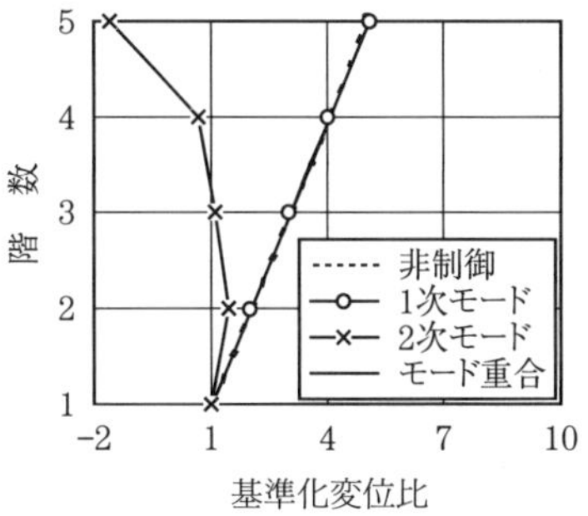

（b） 振動形状

図 7.10 単一モードと複数モードを採用した場合の制御特性の比較

同じ形式で表現することができる。すなわち

$$\boldsymbol{d} = {}_1w\,{}_1\boldsymbol{d} + {}_2w\,{}_2\boldsymbol{d} \tag{7.42}$$

ここに，${}_1\boldsymbol{d}$：式(7.14)の１次モード形を制約条件とした場合の変位，${}_2\boldsymbol{d}$：式(7.15)の２次モード形を制約条件とした場合の変位，${}_1w$：${}_1\boldsymbol{d}$ の重み係数，${}_2w$：${}_2\boldsymbol{d}$ の重み係数であり，${}_1w + {}_2w = 1$ である。

いま，本解析例のように，各々の変位応答量の絶対値が

$${}_1\boldsymbol{d} \gg {}_2\boldsymbol{d} \tag{7.43}$$

のように大きな較差がある場合は

$$\boldsymbol{d} \cong {}_1w\,{}_1\boldsymbol{d} \tag{7.44}$$

と近似できる。したがって，${}_1w = 0.5$ とすれば，振動形状はほぼ１次モード形を保持しながら，１次モードを制約条件とした場合の応答量を約２分の１に低減できることになる。このことは，解析結果の図(a)とも合致している。

また，振動形状については，図(b)のように合成した制御力を作用させることで，ほとんど１次モード形になっている。この結果は，複数モード制御時の変位応答波形の周期からも容易に理解することができる。

以上，複数の固有モード形を制約条件とする制御特性についてまとめると以下のようになる。１次モード形に制御する場合は，ロバスト安定な性質があるが，一般に応答低減効果は期待できない。しかし，制約条件を満足するために

必要な制御力はわずかである。一方，２次モード形に制御する場合は，一般に応答低減効果が期待できるが，不確かさの要因によってはロバスト安定性に問題があり，しかも制約条件を満足するために必要な制御力レベルは相対的に大きくなる。

そこで，各々の制約条件を満足するための制御力を任意の重みで合成した新たな制御力を創生することにより，適度な制御力で，適度な応答低減を図る一つの考え方，すなわち，一種の満足化制御の考え方を示した。しかし，本解析結果は，不確かさ要因がまったくない理想的な条件のもとでの解析結果に過ぎないために，現実の制御においては制御効果が低下し，理論で期待されるほど有効ではなくなるが，固有モード形を振動形状の制約条件として採用する場合の合理的な制御の一つの考え方とその可能性を示しているといえる。

7.3.4 制御力と応答量のトレード・オフ関係

重み係数を解析パラメータとしていくつか設定し，重み係数による最大制御力と応答低減のトレード・オフの関係について，数値解析的に明らかにする。

重み係数による最大制御力と応答低減のトレード・オフの関係を制震装置設置階である３階について**図 7.11** に示す。ここで，横軸は，合成された制御力に占める２次モード形を満足するための制御力の割合である。すなわち，２次モードの重み係数 ${}_2w$ が 0.0 の場合は，１次モード形のみが制約条件として単

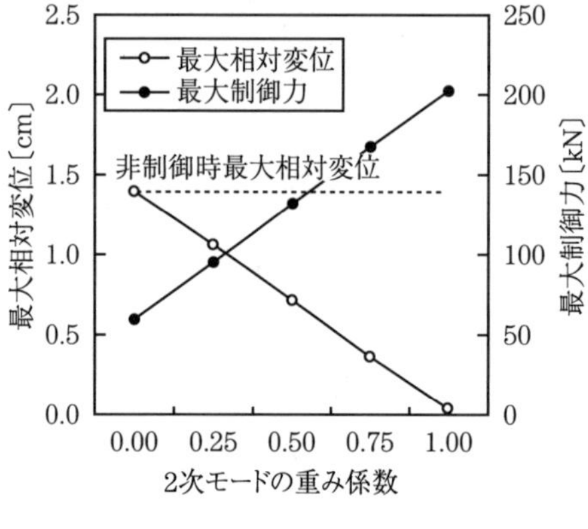

図 7.11　重み係数による最大制御力と応答低減のトレード・オフの関係

独に採用されたことを意味し，同様に 1.0 の場合は，2 次モード形のみが制約条件として単独に採用されたことを意味する。また，左縦軸は基礎からの最大相対変位を示し，右縦軸は各制約条件を満足するために必要とされる最大制御力である。

いずれの階についても，全体的な傾向として，2 次モードの重み係数 ${}_2w$ の増大に従い，応答低減が実現されている一方で，最大制御力は増大しており，最大制御力と応答低減のトレード・オフの関係を示している。

7.3.5 重み係数による応答低減とロバスト性の関係

1 次モード形を振動形状の制約条件とする場合は，多く不確かさ要因に対してロバスト安定な性質が確認されているが，2 次モード形を制約条件とした場合は，アクティブ制御力の駆動時間遅れが制御安定性に及ぼす影響が顕著であるなど，いくつかの不確かさ要因により制御不安定になりやすい性質が確認されている。複数の固有モード形を制約条件とする場合は，2 次モードの重み係数 ${}_2w$ を増大するに従い，ロバスト安定性の問題が増大する。

そこで，制御安定性に及ぼす影響が最も顕著であると考えられるアクティブ制御力の駆動時間遅れによる制御効率の低下について，各重み係数の場合について正規に求められた制御力をある時間遅れで構造物に作用させた場合の応答を解析的に求め，重み係数と駆動時間遅れによる制御効率の低下について明らかにする。

アクティブ制御力の駆動時間遅れ dr は，次のような 3 種類を想定した。なお，遅れ時間は制御時間中，一様とする。

① $dr = 0.01$ 秒

② $dr = 0.05$ 秒：解析モデルの 1 次固有周期の約 1/10 に相当

③ $dr = 0.50$ 秒：解析モデルの 1 次固有周期にほぼ相当

重み係数による応答低減とロバスト安定性のトレード・オフの関係を制震装置設置階の一つである 5 階について**図 7.12** に示す。

いずれの階についても，全体的な傾向として，2 次モードの重み係数 ${}_2w$，

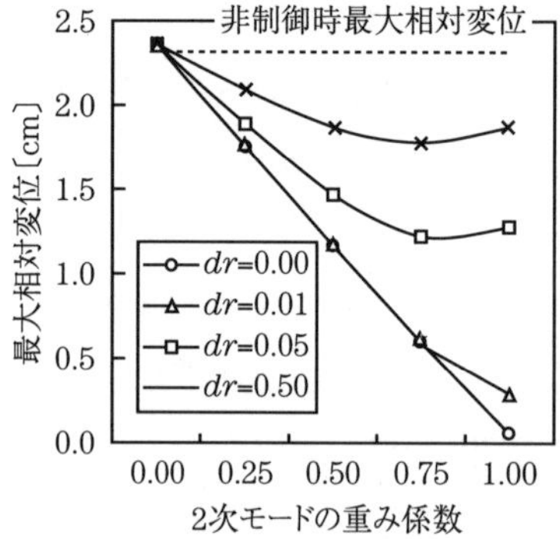

図 7.12　重み係数による応答低減とロバスト安定性の関係

およびアクティブ制御力の駆動時間遅れ dr の増大に伴い，駆動時間遅れのない理想的な制御状態からの制御誤差が大きくなり，制御効果が低下していることを示している。また，2 次モードの重み係数 ${}_2w$ の増大に伴い相対的に大きな制御力を投入しているにも関わらず，期待する制御効果が得られない不合理な制御になっていることを示している。

8 損傷制御問題への応用

8.1 損傷制御問題

本章では，建物の層の塑性率分布を制約条件とする弾塑性地震応答制御に対するボット・ダフィン逆行列の応用を考える。ここでの制約条件は，各階の損傷程度を表す指標である**塑性率**（ductility factor）を扱うが，塑性率の値そのものを規定するのではなく，塑性率の分布を一定に制約し，損傷程度を均一化することを考える。この制約条件により特定階の損傷の集中を避け，各階一様な損傷程度に制御されるため，広義の意味における**損傷制御設計**（damage control design）の一つの考え方であるともいえる。

そこで，構造物の塑性化が想定されるようなきわめてまれに遭遇するかもしれない大地震時において，時刻歴中，各層がつねに一様な損傷状態を保持するような制約条件を与えた場合の弾塑性地震応答制御特性について，数値解析例を通して明らかにするものであり，大きく分けて二つの部分から構成される。

一つ目は，新築の建築構造物に対する制震設計において，弾塑性の復元力特性をバイリニア型とし，非制御時との応答比較により，層の塑性率分布を一定に制御した場合の基本的な損傷制御特性を数値解析的に明らかにする。

二つ目は，耐力分布が現行の耐震基準に対して，標準的ではない既存の建築構造物に対してアクティブ制震手法を用いた耐震改修（制震レトロフィット）として，時刻歴中，各階がつねに一様な損傷状態を保持するような制御力を作用させ，特定層の損傷の集中を緩和する損傷制御特性とレトロフィット効果について数値解析的に明らかにする部分である。ここで，対象とした既存の建築構造物は現行の耐震基準に対して耐力不足となる上階部分において大きな損傷が想定される層せん断力係数一定モデルである。

8.2　塑性率分布を制約条件とした弾塑性地震応答制御特性

8.2.1　解析モデルおよび制約条件

解析モデルは，図 7.1 に示した 5 質点系せん断型バネ・マスモデルにバイリニア型の復元力特性を与えた。各層の降伏耐力は，ベースシアの降伏震度を 0.3 とし，建物高さ方向の耐力分布は，式(8.1)に示すような A_i 分布とした。弾塑性の構造特性値を**表 8.1** に示す。なお，降伏後剛性は，各層の弾性剛性の 5 %，減衰は 1 次モードに対して 3 %の初期剛性比例型とした。

表 8.1　弾塑性解析モデルの構造特性値

階	階高〔m〕	質量 $\times 10^3$〔kg〕	弾性剛性〔kN/cm〕	降伏耐力〔kN〕	層せん断力係数	降伏変位〔cm〕
5	3.5	98	663	530	0.55	0.800
4	3.5	98	1 194	857	0.45	0.718
3	3.5	98	1 592	1 111	0.39	0.698
2	3.5	98	1 858	1 304	0.34	0.703
1	4.0	98	1 990	1 441	0.30	0.725

なお，解析の時間刻みは 2/1 000 秒とする。

入力地震動は，**図 8.1** に示すような 1995 年兵庫県南部地震の際の JMA 神戸における NS 成分の観測記録の主要動部分 20 秒間を最大速度が 40 cm/s になるように振幅を基準化して用いる。この場合の最大加速度は 350 cm/s²程度である。

$$A_i = 1 + \left(\frac{1}{\sqrt{\alpha_i}} - \alpha_i\right)\frac{2T}{1+3T} \tag{8.1}$$

ここに，α_i：式(8.2)に示す最上階から i 階までの重量の和を地上部分の全重量で除した値，T：設計用 1 次固有周期である。

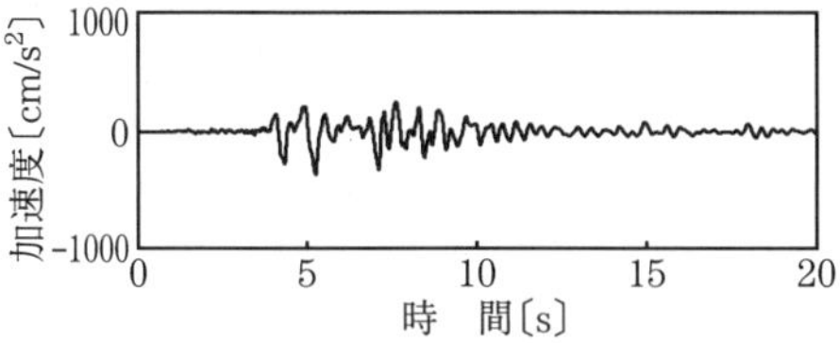

（a）　入力加速度（最大加速度 357.48 cm/s²）

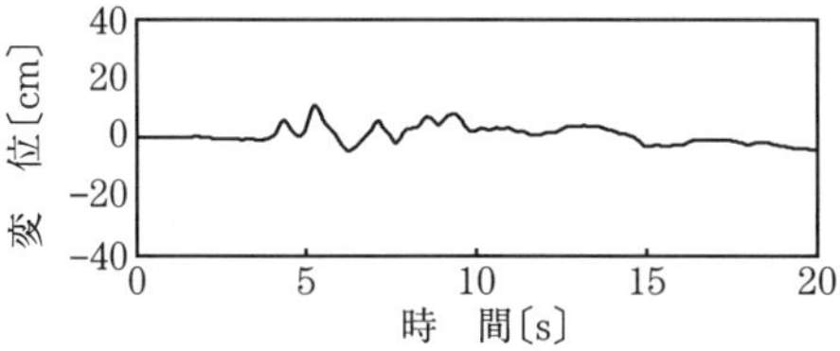

（b）　入力変位（最大変位 10.56 cm）

図 8.1　入力地震動

$$\alpha_i = \frac{\sum_{j=i}^{n} w_j}{\sum_{i=1}^{n} w_j} \tag{8.2}$$

制約条件は，時刻歴中，つねに各層の塑性率分布が一定となるような弾塑性の地震応答制御を考える。この場合の制約条件マトリクスは，各層の降伏層間変位を用いて作成することができる。なお，層の塑性率 μ_i は次式で定義する。

$$\mu_i = \frac{\delta_{i\,\max}}{\delta_{yi}}\ , \qquad i = 1, \cdots, 5 \tag{8.3}$$

ここに，$\delta_{i\,\max}$：各層の最大応答層間変位，δ_{yi}：各層の降伏層間変位である。

◀ **例　8.1** ▶

2 質点系モデルの 1 階と 2 階について，階の塑性率を等しくするための変位の制約条件式を相対変位系で求める。

▶ **解**　　題意は

$$\mu_1 = \mu_2 \tag{8.4}$$

である。式(8.3)は，最大応答時に関する定義であるが，各階の降伏層間変位に対する任意の時刻における層間変位の比 $\bar{\mu}_i$（以後，損傷率と呼ぶ）をつねに一定に保持する場合を考えると，式(8.3)を次式のように拡張することができる。

$$\bar{\mu}_i = \frac{\delta_i}{\delta_{yi}} \tag{8.5}$$

ここに，δ_i：各階の時刻歴の層間変位である。

上式により，時刻歴中，つねに一様な損傷状態に各階の応答を制御することが可能となる。すなわち，式(8.4)を次式のように置き換える。

$$\bar{\mu}_1 = \bar{\mu}_2 \tag{8.6}$$

また，式(8.5)において，各階の時刻歴の層間変位 δ_i は次式で表現される。

$$\delta_1 = d_1 \tag{8.7}$$

$$\delta_i = d_2 - d_1 \tag{8.8}$$

式(8.5)を式(8.6)に代入すると

$$\frac{\delta_1}{\delta_{y1}} - \frac{\delta_2}{\delta_{y2}} = 0 \tag{8.9}$$

となる。上式に式(8.7)，(8.8)を代入すると

$$\frac{d_1}{\delta_{y1}} - \frac{d_2 - d_1}{\delta_{y2}} = 0 \tag{8.10}$$

となる。式(8.10)を整理すると

$$-\left(1 + \frac{\delta_{y2}}{\delta_{y1}}\right)d_1 + d_2 = 0 \tag{8.11}$$

式(8.11)が，時刻歴中，つねに1階と2階の損傷率を一定に保持する制約条件式となる。また，最大損傷率が塑性率となる。

［**例 8.1**］より，n 自由度系ついても同様に，時刻歴中，つねに一様な損傷状態を保持するための各階の変位比を相対変位系で表現することができる。

例えば，5質点系モデルの場合，制約条件マトリクスの1列目の各要素は，次式で求められる。

$$A(m,1) = -\left(1 + \frac{\sum_{i=2}^{i}\delta_{yi}}{\delta_{y1}}\right), \quad (m = 1,2,3,4), \quad (i = m+1) \tag{8.12}$$

したがって，本解析例の場合，各階の損傷率（塑性率と等価）を時刻歴中，つねに一定に制御するための制約条件式は，全階制約の $m = 4$ の場合で

$$\begin{bmatrix} -1.970 & 1 & 0 & 0 & 0 \\ -2.933 & 0 & 1 & 0 & 0 \\ -3.924 & 0 & 0 & 1 & 0 \\ -5.028 & 0 & 0 & 0 & 1 \end{bmatrix} \begin{bmatrix} \Delta d_1 \\ \Delta d_2 \\ \Delta d_3 \\ \Delta d_4 \\ \Delta d_5 \end{bmatrix} = \begin{bmatrix} 0 \\ 0 \\ 0 \\ 0 \end{bmatrix} \tag{8.13}$$

となる。なお，上式は，1次モード形に振動形状を制御するための制約条件式である式(7.10)に酷似している。

8.2.2 解析結果

図8.2に非制御時，**図8.3**に塑性率分布を一定とした制御時の層せん断力-層間変位関係を示す。なお，代表階として最上階，中間階，最下階についてのみ示す。非制御時は，下階の塑性率が相対的に大きく，せん断型モデルのごく一般的な応答性状を示している。

一方，式(8.13)の制約条件を与え，塑性率分布一定を満足するための制御力を作用させた場合の制御結果は，各階の塑性率が等しく，制約条件を満足している。また，制御時の塑性率の大きさは，非制御時の階平均塑性率程度に制御

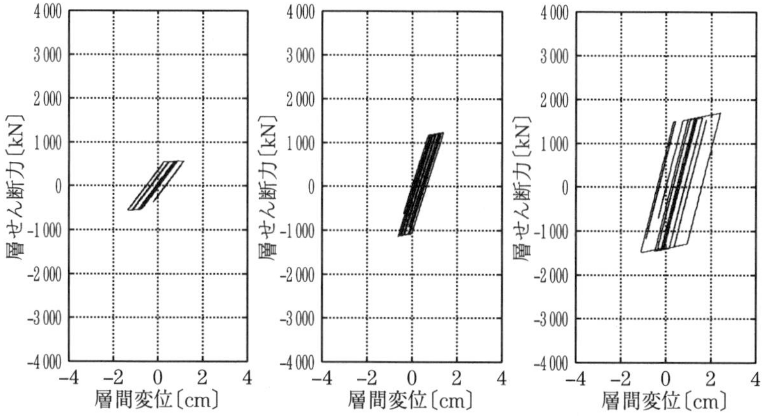

（a） 最上階
（塑性率 1.61）

（b） 中間階
（塑性率 1.99）

（c） 最下階
（塑性率 3.31）

図8.2 非制御時の層せん断力-層間変位関係

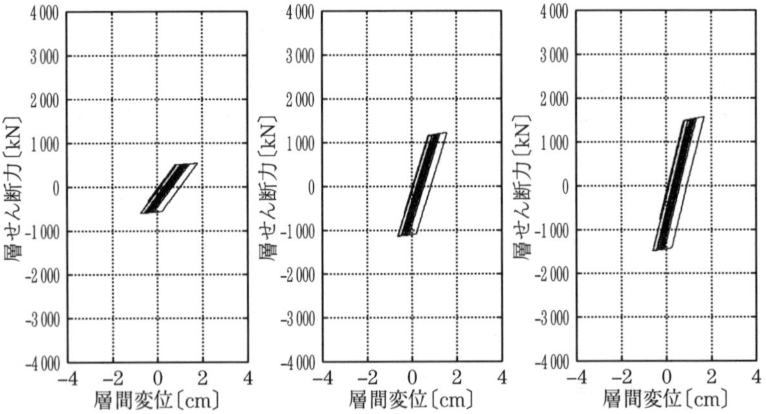

（a）　最上階
（塑性率 2.26）

（b）　中間階
（塑性率 2.26）

（c）　最下階
（塑性率 2.26）

図 8.3　制御時（塑性率一定）の層せん断力-層間変位関係

されており，下階部分の損傷レベルが有効に低減されている。

8.3　制震レトロフィットへの応用

既存の建築構造物に対する制震レトロフィット[4)]として，本理論により求められたアクティブ制御力を作用させた場合のレトロフィット効果について数値解析を行う。

8.3.1　解析モデルおよび制約条件

解析モデルは，表 8.1 に示した解析モデルを現行の耐震基準で設計された標準型のモデルとして位置づけ，レトロフィットの対象となる非標準型のモデルとしては，現行の耐震基準に対して耐力不足となる上階部分において，大きな損傷が想定される層せん断力係数一定モデルである。その構造特性値を**表 8.2** に示す。なお，降伏後剛性は，各階の弾性剛性の 5 %，減衰は 1 次モードに対して 3 %の初期剛性比例型とした。解析の時間刻みは 2/1 000 秒とした。

表 8.2　層せん断力係数一定モデルの構造特性値

階	階高〔m〕	質量 ×10³〔kg〕	弾性剛性〔kN/cm〕	降伏耐力〔kN〕	層せん断力係数	降伏変位〔cm〕
5	3.5	98	663	288	0.30	0.435
4	3.5	98	1 194	576	0.30	0.483
3	3.5	98	1 592	864	0.30	0.543
2	3.5	98	1 858	1 152	0.30	0.621
1	4.0	98	1 990	1 441	0.30	0.725

入力地震動は，図 8.1 に示した加速度波形を用いる。

制約条件は，前節と同じく時刻歴中，各層の塑性率分布が一定となるような制約条件式を用いる。式(8.12)より，降伏変位を用いて制約条件マトリクスを構成することができる。

層せん断力係数一定モデルの場合の制約条件式は，次式を採用する。

$$\begin{bmatrix} -1.857 & 1 & 0 & 0 & 0 \\ -2.606 & 0 & 1 & 0 & 0 \\ -3.272 & 0 & 0 & 1 & 0 \\ -3.872 & 0 & 0 & 0 & 1 \end{bmatrix} \begin{bmatrix} \Delta d_1 \\ \Delta d_2 \\ \Delta d_3 \\ \Delta d_4 \\ \Delta d_5 \end{bmatrix} = \begin{bmatrix} 0 \\ 0 \\ 0 \\ 0 \end{bmatrix} \tag{8.14}$$

8.3.2　解　析　結　果

図 8.4 にレトロフィット前，**図 8.5** にレトロフィット後の層せん断力-層間変位関係を示す。

レトロフィット前は，上階部分の耐力不足により損傷の程度が大きく，上階ほど塑性率が大きいが，レトロフィット後は，レトロフィット前の下階部分の応答レベルで損傷の均一化が実現されている。

図 8.6(a)にレトロフィット前後における最大層間変位分布を，図(b)にレトロフィット前後における塑性率分布を示す。

層せん断力係数一定モデルに対して，塑性率分布一定とした制震レトロフィ

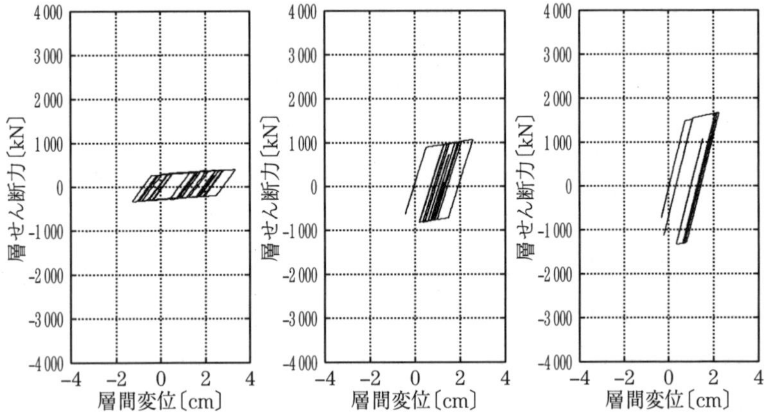

（a）　最上階
（塑性率 7.91）

（b）　中間階
（塑性率 4.83）

（c）　最下階
（塑性率 3.08）

図 8.4　レトロフィット前の層せん断力-層間変位関係

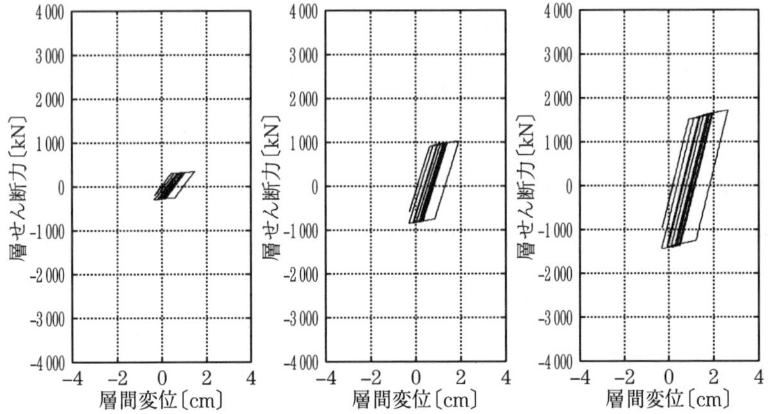

（a）　最上階
（塑性率 3.42）

（b）　中間階
（塑性率 3.42）

（c）　最下階
（塑性率 3.43）

図 8.5　レトロフィット後の層せん断力-層間変位関係

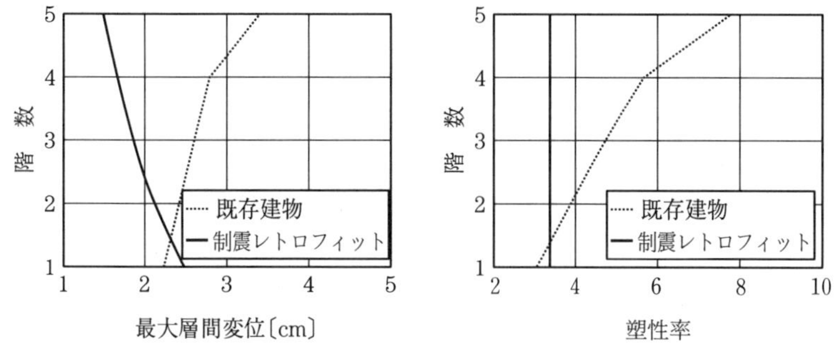

（a） 最大層間変位分布　　（b） 塑性率分布

図 8.6 制震レトロフィット効果

ットは，上階部分の損傷を有効に緩和することができた。また，残留変形についても，レトロフィット前に比較して，抑制されている結果となり，十分なレトロフィット効果が得られることを示した。

9 ハイブリッド制御への応用

9.1 パッシブ制御とのハイブリッド制御

大地震時を想定すると，全面的にアクティブ制御のみで対応するのではなく，おもに，経済性の面からパッシブ型の制震装置とアクティブ制震装置を組み合わせたハイブリッド型の制御が要求される。そこで，本章はパッシブ制御を併用したハイブリッド制御に対して瞬間形態制御理論を応用したものであり，有効な制約条件により比較的小さな制御力で合理的に応答低減を図るハイブリッド制御の解析例を示す。

これまでの解析例においては，制約条件式の右辺が零，もしくは零ベクトルであり，変位応答量そのものを規定せずに，振動形状のみを制約した問題を扱ってきた。ここでは，制約条件式の右辺が零でない場合を扱うが，4章において示した制約条件ベクトルの消去を施すことにより，解析は問題なく行うことができる。

ここでは，パッシブ制御の一例として免震構造を取り上げ，免震層の直上階にアクティブな駆動作用を与え，構造物が絶対空間で静止している状態，すなわち絶対制震に対してフィードフォワード制御としての本理論を用いた解析結果を示す。

また，この問題のロバスト安定性に関しては，アクティブ制御力の駆動時間遅れによる制御効果の低下について，数値解析的に検討する。

9.2　免震構造とのハイブリッド制御への応用

9.2.1　解析モデルおよび制約条件

解析モデルは，図7.1に示した基礎固定の5質点系せん断型バネ・マスモデルの基礎部に免震層を設置したモデルとする。解析は弾性解析とし，免震部材も線形バネと線形ダッシュポットでモデル化を行う。解析モデルの構造特性値を**表9.1**に示す。

表9.1　免震モデルの構造特性値

階	階高〔m〕	質量 $\times 10^3$〔kg〕	剛性〔kN/cm〕
5	3.5	98	663
4	3.5	98	1 194
3	3.5	98	1 592
2	3.5	98	1 858
1	4.0	98	1 990
免震層	—	98	26

〔1〕　質量マトリクス

$$
\boldsymbol{M} = \begin{bmatrix} \bar{m}_b & 0 & 0 & 0 & 0 & 0 \\ & \bar{m}_1 & 0 & 0 & 0 & 0 \\ & & \bar{m}_2 & 0 & 0 & 0 \\ & & & \bar{m}_3 & 0 & 0 \\ & & & & \bar{m}_4 & 0 \\ \text{sym.} & & & & & \bar{m}_5 \end{bmatrix} \tag{9.1}
$$

ここに，$\bar{m}_i$：上部構造の各階質量（$i = 1, \cdots, 5$），$\bar{m}_b$：免震層の質量である。

〔2〕 **剛性マトリクス**

$$\boldsymbol{K}=\begin{bmatrix} k_b+k_1 & -k_1 & 0 & 0 & 0 & 0 \\ & k_1+k_2 & -k_2 & 0 & 0 & 0 \\ & & k_2+k_3 & -k_3 & 0 & 0 \\ & & & k_3+k_4 & -k_4 & 0 \\ & & & & k_4+k_5 & -k_5 \\ \text{sym.} & & & & & k_5 \end{bmatrix} \tag{9.2}$$

ここに，k_i：上部構造の各階剛性（$i=1,\cdots,5$），k_b：免震層の剛性である。上部構造の剛性については，免震層を固定とした次式によって定まる逆三角形1次モードとなるような剛性分布を与えた。

$$k_i=\frac{1}{2}\{n(n+1)-i(i-1)\}\bar{m}{\omega_0}^2 \tag{9.3}$$

ここに，$\omega_0=2\pi/T_0$：免震層を固定とした上部構造の1次固有円振動数，T_0：免震層を固定とした上部構造の1次固有周期，$\bar{m}$：各階質量である。また，T_0は，式(9.4)の建物高さを用いた鉄骨造建物の略算式により設定した。H_i：各階の階高である。

$$T_0=0.03\sum_{i=1}^{n}H_i=0.03\times(4.0+3.5\times 4)=0.54\ \text{〔s〕} \tag{9.4}$$

免震層の剛性については，次式で与えた。

$$k_b=(\omega_b)^2\left(\sum_{i=1}^{5}\bar{m}_i+\bar{m}_b\right) \tag{9.5}$$

ここに，$\omega_b=2\pi/T_b$：免震層のみの剛性に基づく1次円振動数，T_b：免震層のみの剛性に基づく固有周期である。ここでは，$T_b=3\,\text{s}$とした。

〔3〕 **減衰マトリクス（剛性比例型）**

$$\boldsymbol{C}=\begin{bmatrix} c_b+c_1 & -c_1 & 0 & 0 & 0 & 0 \\ & c_1+c_2 & -c_2 & 0 & 0 & 0 \\ & & c_2+c_3 & -c_3 & 0 & 0 \\ & & & c_3+c_4 & -c_4 & 0 \\ & & & & c_4+c_5 & -c_5 \\ \text{sym.} & & & & & c_5 \end{bmatrix} \tag{9.6}$$

ここに，c_i：上部構造の各階の減衰係数（$i=1,\cdots,5$），c_b：免震層の減衰係数である。上部構造の減衰係数 c_i については，次式に示すような免震層を固定とした１次モードの減衰定数を用いた剛性比例型とする。

$$c_i = \frac{2h_0}{\omega_0}k_i \tag{9.7}$$

ここに，h_0：免震層を固定とした上部構造の１次固有円振動数 ω_0 に対する減衰定数である。ここでは，$h_0=3\,\%$とした。

また，免震層の減衰係数 c_b についても同様に剛性比例型とする。

$$c_b = \frac{2h_b}{\omega_b}k_b \tag{9.8}$$

ここに，h_b：ω_b に対する減衰定数である。ここでは，$h_b=10\,\%$とした。

入力地震動は，図 8.1 の加速度波形を用い，解析の時間刻みは 0.01 秒とする。

制約条件は，構造物が絶対空間で静止した状態に保持させることを考える。この場合の制約条件式は次式で表現できる。

$$[1\quad 0\quad 0\quad 0\quad 0\quad 0]\begin{bmatrix} \varDelta d_b \\ \varDelta d_1 \\ \varDelta d_2 \\ \varDelta d_3 \\ \varDelta d_4 \\ \varDelta d_5 \end{bmatrix} = -\varDelta d_0 \tag{9.9}$$

9.2.2 解 析 結 果

アクティブ制御力を作用させずに，パッシブ制御のみで制御した場合の免震層の変位応答を**図 9.1**(a)に示す。上段が絶対変位，下段が基礎からの相対変位を示す。

また，アクティブ制御力を導入したハイブリッド制御で制御した場合の免震層の変位応答を図(b)に示す。

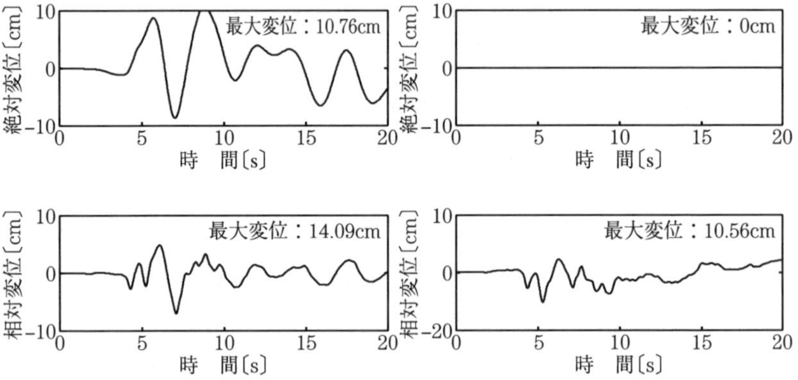

（a）　パッシブ制御　　　（b）　ハイブリッド制御

図 9.1　絶対変位と相対変位の時刻歴

上段の絶対変位は零であり，絶対空間で静止している絶対制震が実現されている。また，この場合の相対変位は，入力地震動の地動変位に対して，同値逆符号となっており，入力そのものが打ち消されていることが理解できる。

さらに，この場合の最大制御力は，314 kN と建物全重量の 5 %程度であり，現実的な制御力レベルである。これは，最大速度 40 cm/s の大地震に対して絶対制震を実現するための制御力としては，非常に経済的であるといえ，パッシブ制御による免震システムにアクティブ制御力を作用させてハイブリッド制御とすることの合理性が伺える。

なお，この制約条件を実現するために必要な制御力レベルは，地動の最大加速度ではなく，地動の最大変位に依存することが理解できる。

9.3　アクティブ制御力の駆動時間遅れと制御効率の低下

9.3.1　解　析　条　件

駆動時間遅れのない理想的な状態で絶対制震を満足する制御力を，ある時間遅れで作用させたときの応答を求め，アクティブ制御力の駆動時間遅れによる制御効率の低下[9)]について数値解析的に明らかにする。

アクティブ制御力の駆動時間遅れ dr は，次の 3 種類を想定した。なお，駆動時間遅れは，制御時間中一様とする。

① $dr = 0.01$〔s〕

② $dr = 0.1$〔s〕：解析モデルの 1 次固有周期の 1/30 に相当

③ $dr = 0.3$〔s〕：解析モデルの 1 次固有周期の 1/10 に相当

9.3.2　駆動時間遅れによる制御効率の低下

アクティブ制御力の駆動時間遅れ dr が 0.1 s と 0.3 s とした場合の免震層の変位応答を**図 9.2** に示す。

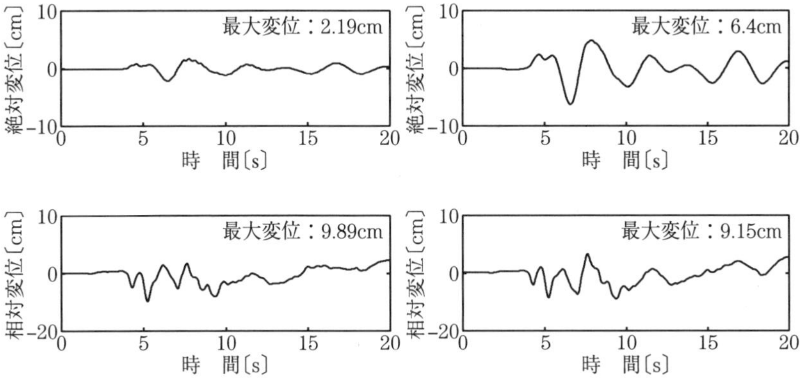

（a）　$dr = 0.1$　　　（b）　$dr = 0.3$

図 9.2　アクティブ制御力の駆動時間遅れによる変位応答

駆動時間の遅れの増大に伴って絶対制震からの制御誤差が次第に大きくなっていることを時刻歴変位応答から確認できる。

また，アクティブ制御力の駆動時間遅れによる最大絶対加速度と最大絶対変位の推移を**図 9.3** に示す。

最大絶対変位は，駆動時間遅れが 0.3 秒程度でもパッシブ制御時の応答レベルは超えることはない。ところが最大絶対加速度は，駆動時間遅れによる制御誤差の変化が著しく，0.3 秒程度の遅れでパッシブ制御時の応答レベルと等し

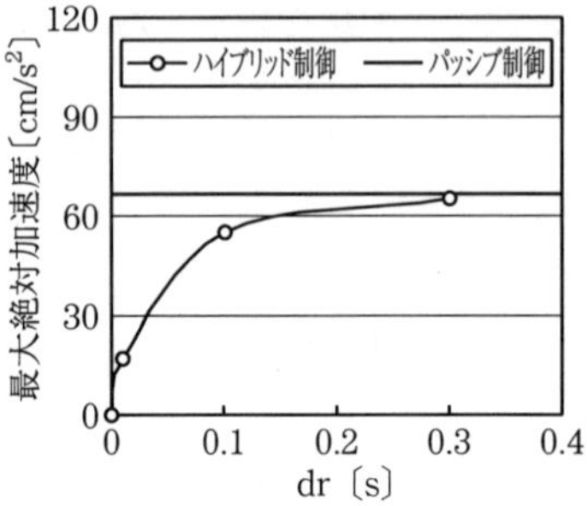

（a） 最大絶対加速度

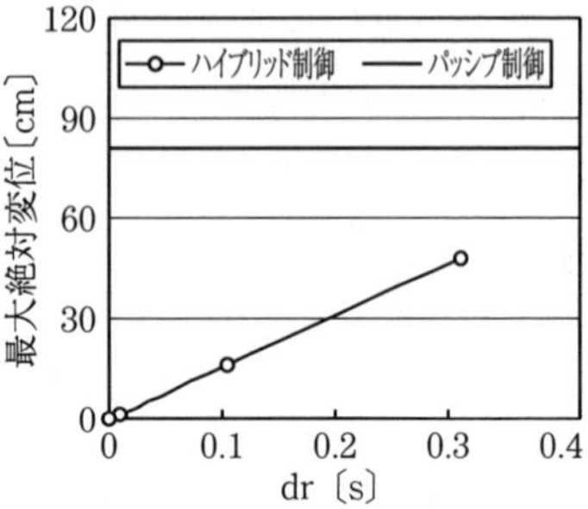

（b） 最大絶対変位

図 9.3 アクティブ制御力の駆動時間遅れによる応答の推移

くなっている。

このことは，駆動時間遅れのない理想的な条件下では絶対制震が実現できるアクティブ制御力を導入しているにもかかわらず，駆動時間遅れにより，ほとんど意味のない制御力になっていることを示している。

10 接触振動問題への応用

10.1 接触振動問題

接触問題は静的接触問題と動的接触問題に分類できる。動的接触問題は接触現象を含む動的問題として定義され

① 振動中に異なる構造体，あるいは，構造要素に接触が生じる問題

② 接触面の動的摩擦問題

③ 接触によるエネルギー消耗問題

など多様な問題が考えられる。

さらに，接触問題を扱った数値解析法については，影響関数法による解析[1]，離散化極限解析法[2]，摩擦を考慮した弾塑性解析[3]などがあるが，これらはいずれも静的問題を扱ったものである。動的接触問題を扱ったものとしては，原子炉建屋の基礎浮き上がりの問題や，浮き上がりを考慮するバネ・マス系の振動[4]，衝突バネを用いた近似解法[5]，衝突バネによる過大地震入力に対する免震構造物の地震応答解析[6]，摩擦・接触要素を含む非線形振動解析の免震への応用[7]などがある。

ここでは，振動中に異なる構造体，あるいは構造要素に接触が生じる接触振動問題の解析手法として，ボット・ダフィン逆行列を応用し[8]，簡単な数値解析例[9),10]を通して，基礎的な接触振動特性と接触問題に対する解析手法としての有効性を示すものである。

なお，接触問題においては，物体相互の摩擦が重要な役割を果たす場合が多

いが，本章では摩擦を無視し，面の法線方向にのみ反力が作用する場合（normal contact problem）を扱う。また，振動中の接触領域の変化は考えないものとする。

10.2　基 礎 方 程 式

動的問題に拡張された Type-2 を再記すると

$$\boldsymbol{M}\ddot{\boldsymbol{d}} + \boldsymbol{K}\boldsymbol{d} + \boldsymbol{r} = \boldsymbol{f} \tag{10.1}$$

$$\boldsymbol{A}\boldsymbol{d} = \boldsymbol{0} \tag{10.2}$$

ここに，$\ddot{\boldsymbol{d}}$：n 次元加速度ベクトル，$\boldsymbol{M}$：(n, n) 型質量マトリクスである。

また，$\boldsymbol{r}$ は制約条件の式(3.2)を満足させるための内力であり，振動制御問題では制御力として，接触振動問題では接触力として評価することができ，次式で表される。

$$\boldsymbol{r} = \boldsymbol{A}^T\boldsymbol{\lambda} \tag{10.3}$$

式(10.3)，(10.2)より，$\boldsymbol{d}$ と $\boldsymbol{r}$ が直交していることから，正射影マトリクスと任意のベクトルを用いて，接触を考慮した変位 $\boldsymbol{d}$ と接触力 $\boldsymbol{r}$ は

$$\boldsymbol{d} = \boldsymbol{P}_L\boldsymbol{a} \tag{10.4}$$

$$\boldsymbol{r} = \boldsymbol{P}_{L^\perp}\boldsymbol{a} \tag{10.5}$$

で表現することができる。

10.2.1　接触がない場合

接触がない場合，制約条件がないので式(10.2)において

$$\boldsymbol{A} = \boldsymbol{O} \tag{10.6}$$

ここに，$\boldsymbol{O}$：(m, n) 型零マトリクスである。式(10.6)を式(10.2)に代入すると

$$\boldsymbol{r} = \boldsymbol{0} \tag{10.7}$$

となる。この場合，制約条件数 $m = 0$ より，式(10.7)，(10.5)における正射影マトリクスは次式となる。

$$\boldsymbol{P}_L = \boldsymbol{I} \tag{10.8}$$

$$\boldsymbol{P}_{L^\perp} = \boldsymbol{O} \tag{10.9}$$

ここに，$\boldsymbol{I}$：(n,n)型単位マトリクス，$\boldsymbol{O}$：(n,n)型零マトリクスである。式(10.8)を式(10.7)に代入すると

$$\boldsymbol{d} = \boldsymbol{a} \tag{10.10}$$

となる。式(10.7)，(10.10)を式(10.1)に代入すると

$$\boldsymbol{M}\ddot{\boldsymbol{a}} + \boldsymbol{K}\boldsymbol{a} = \boldsymbol{f} \tag{10.11}$$

となる。上式より $\boldsymbol{a}$ を求め，式(10.10)に代入すれば $\boldsymbol{d}$ が得られる。この場合

$$\boldsymbol{M}\ddot{\boldsymbol{d}} + \boldsymbol{K}\boldsymbol{d} = \boldsymbol{f} \tag{10.12}$$

により直接求めた $\boldsymbol{d}$ と一致する。

10.2.2　接触がある場合

まず，式(10.2)の制約条件マトリクス $\boldsymbol{A}$ に基本変形を施して

$$\boldsymbol{C} = \boldsymbol{A}\boldsymbol{Q} = [\boldsymbol{I}_m \quad \boldsymbol{O}] \tag{10.13}$$

の形に変形する。ここで，$\boldsymbol{Q}$：$\boldsymbol{A}$ の基本変形の積として得られる$(n,\ n)$型正則マトリクス，$\boldsymbol{I}_m$：(m,m)型単位マトリクスである。

制約条件マトリクス $\boldsymbol{C}$ が式(10.13)の形をとる場合の正射影マトリクスは，次式となる。

$$\boldsymbol{P}_L = \begin{bmatrix} \boldsymbol{O} & \boldsymbol{O} \\ \boldsymbol{O} & \boldsymbol{I}_l \end{bmatrix} \tag{10.14}$$

$$\boldsymbol{P}_{L^\perp} = \begin{bmatrix} \boldsymbol{I}_m & \boldsymbol{O} \\ \boldsymbol{O} & \boldsymbol{O} \end{bmatrix} \tag{10.15}$$

ここに，$\boldsymbol{I}_l$：(l,l)型単位マトリクス，$l = n - m$である。

そこで，$\boldsymbol{Q}$ を利用して，次の座標変換を行う。

$$\boldsymbol{d} = \boldsymbol{Q}\boldsymbol{u} \tag{10.16}$$

式(10.16)を式(10.1)に代入すると

$$\boldsymbol{MQ\ddot{u}} + \boldsymbol{KQu} + \boldsymbol{r} = \boldsymbol{f} \tag{10.17}$$

となる。さらに，式(10.17)の両辺に左側から $\boldsymbol{Q}^T$ を掛けて

$$\bar{\boldsymbol{M}} = \boldsymbol{Q}^T\boldsymbol{MQ} \tag{10.18}$$

$$\bar{\boldsymbol{K}} = \boldsymbol{Q}^T\boldsymbol{KQ} \tag{10.19}$$

$$\bar{\boldsymbol{r}} = \boldsymbol{Q}^T\boldsymbol{r} \tag{10.20}$$

$$\bar{\boldsymbol{f}} = \boldsymbol{Q}^T\boldsymbol{f} \tag{10.21}$$

とおくと，式(10.17)は次式となる。

$$\bar{\boldsymbol{M}}\ddot{\boldsymbol{u}} + \bar{\boldsymbol{K}}\boldsymbol{u} + \bar{\boldsymbol{r}} = \bar{\boldsymbol{f}} \tag{10.22}$$

ここで，$\boldsymbol{u}$ と $\bar{\boldsymbol{r}}$ の直交性を示すと，式(10.16)，(10.3)より

$$\boldsymbol{u}^T\bar{\boldsymbol{r}} = \boldsymbol{u}^T\boldsymbol{Q}^T\boldsymbol{r} = (\boldsymbol{Qu})^T\boldsymbol{r} = \boldsymbol{d}^T\boldsymbol{r} = 0 \tag{10.23}$$

となり，$\boldsymbol{u}$ と $\bar{\boldsymbol{r}}$ は直交している。したがって，$\boldsymbol{u}$ を n 次元空間内の部分空間 $\boldsymbol{L}$ に属しているとすると，$\bar{\boldsymbol{r}}$ は n 次元空間内の部分空間 $\boldsymbol{L}$ に対する直交補空間 $\boldsymbol{L}^\perp$ に属していることになる。すなわち

$$\boldsymbol{u} \in L \tag{10.24}$$

$$\bar{\boldsymbol{r}} \in L^\perp \tag{10.25}$$

となる。この場合の正射影マトリクスは，式(10.14)，(10.15)であり，$\boldsymbol{a}$ を $\boldsymbol{u}$ と $\bar{\boldsymbol{r}}$ の両方の情報を併せ持つ n 次元空間内の n 次元ベクトルとするとき，次式が成立する。

$$\boldsymbol{u} = \boldsymbol{P}_L\boldsymbol{a} \tag{10.26}$$

$$\bar{\boldsymbol{r}} = \boldsymbol{P}_{L^\perp}\boldsymbol{a} \tag{10.27}$$

式(10.26)，(10.27)を式(10.22)に代入すると

$$\bar{\boldsymbol{M}}\boldsymbol{P}_L\ddot{\boldsymbol{a}} + \bar{\boldsymbol{K}}\boldsymbol{P}_L\boldsymbol{a} + \boldsymbol{P}_{L^\perp}\boldsymbol{a} = \bar{\boldsymbol{f}} \tag{10.28}$$

が得られる。ここで

$$\hat{\boldsymbol{M}} = \bar{\boldsymbol{M}}\boldsymbol{P}_L \tag{10.29}$$

$$\hat{\boldsymbol{K}} = \bar{\boldsymbol{K}}\boldsymbol{P}_L + \boldsymbol{P}_{L^\perp} \tag{10.30}$$

とおくと，式(10.28)は

$$\hat{\boldsymbol{M}}\ddot{\boldsymbol{a}} + \hat{\boldsymbol{K}}\boldsymbol{a} = \bar{\boldsymbol{f}} \tag{10.31}$$

となり，接触がない場合の運動方程式である式(10.11)とまったく同一形式の

運動方程式が得られる。

式(10.31)から $\boldsymbol{a}$ が求まると，最終的に求めるべき変位 $\boldsymbol{d}$ と接触力 $\boldsymbol{r}$ は次式で求められる。

$$\boldsymbol{d} = \boldsymbol{Q}\boldsymbol{u} = \boldsymbol{Q}\boldsymbol{P}_L\boldsymbol{a} \tag{10.32}$$

$$\boldsymbol{r} = (\boldsymbol{Q}^T)^{-1}\bar{\boldsymbol{r}} = (\boldsymbol{Q}^T)^{-1}\boldsymbol{P}_{L^\perp}\boldsymbol{a} \tag{10.33}$$

10.2.3　接触・非接触の判定

接触振動解析では，各ステップごとに，各質点について接触・非接触の判定を行う。(**図 10.1**)

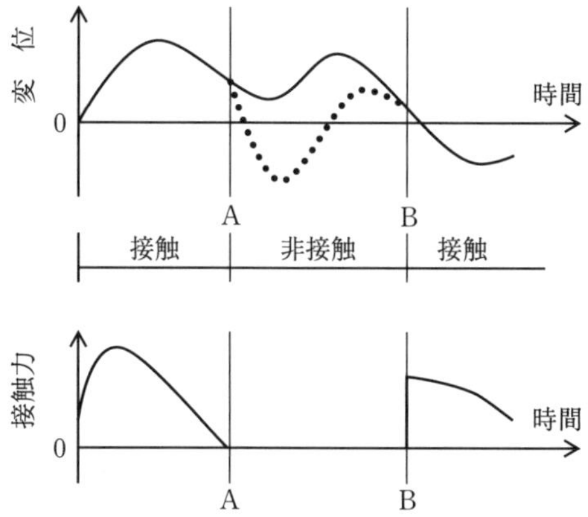

（a）　変位-時間関係

（b）　接触力-時間関係

図 10.1　接触・非接触の判定

（i）　**接触→非接触の判定（A 点）**　　接触状態にある質点間に働く接触力が零になったとき，非接触状態に移行し質点は別々に運動する（$\boldsymbol{r} = \boldsymbol{0}$）。

（ii）　**非接触→接触の判定（B 点）**　　非接触状態にある節点の変位が等しくなったとき，接触状態に移行し，質点は同一変位の運動をする（$d_1 = d_2$）。

接触状態にあるときは二つの質点が同一変位の運動をするように制約条件を与える。この判定に基づき，制約条件マトリクス $\boldsymbol{A}$ を作成する。このように各ステップごとに制約条件式を変えながら解析を行う。

10.3　簡単な数値解析例

10.3.1　解　析　条　件

解析モデルは，**図 10.2** に示す 2 自由度バネ・マスモデルであり，減衰は考慮しない。解析のパラメータとして衝突の際の反発係数 e は 0，0.5，1 の 3 種類を設定する。なお，初期条件は以下のとおりである。

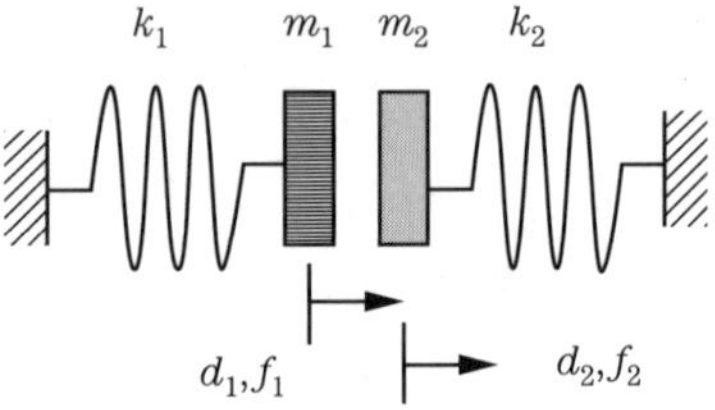

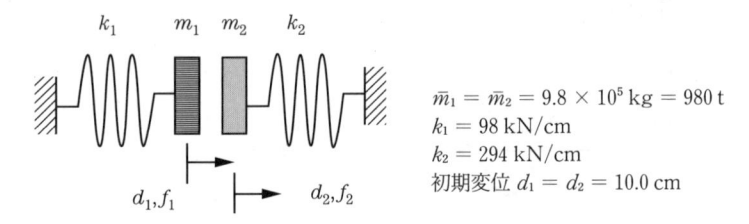

図 10.2　解析モデル

$$d_1 = d_2 = 10.0 \text{〔cm〕} \tag{10.34}$$

$$\dot{d_1} = \dot{d_2} = 0 \text{〔cm/s〕} \tag{10.35}$$

$\bar{m}_1$，$\bar{m}_2$ の運動方程式を作ると

$$\bar{m}_1 \ddot{d}_1 + k_1 d_1 = f_1 \tag{10.36}$$

$$\bar{m}_2 \ddot{d}_2 + k_2 d_2 = f_2 \tag{10.37}$$

式(10.36)，(10.37)を式(10.1)の形にまとめると

$$\begin{bmatrix} \bar{m}_1 & 0 \\ 0 & \bar{m}_2 \end{bmatrix} \begin{bmatrix} \ddot{d}_1 \\ \ddot{d}_2 \end{bmatrix} + \begin{bmatrix} k_1 & 0 \\ 0 & k_2 \end{bmatrix} \begin{bmatrix} d_1 \\ d_2 \end{bmatrix} + \begin{bmatrix} r_1 \\ r_2 \end{bmatrix} = \begin{bmatrix} f_1 \\ f_2 \end{bmatrix} \tag{10.38}$$

$\bar{m}_1$，$\bar{m}_2$ が接触している場合の制約条件は

$$[1 \quad -1] \begin{bmatrix} d_1 \\ d_2 \end{bmatrix} = 0 \tag{10.39}$$

上式の制約条件マトリクス $\boldsymbol{A}$ に基本変形を施して

$$\boldsymbol{C} = \boldsymbol{A}\boldsymbol{Q} = [\boldsymbol{I}_m \quad \boldsymbol{O}] \tag{10.40}$$

の形に変形する。このときの $\boldsymbol{Q}$ は

$$\boldsymbol{Q}=\begin{bmatrix}1 & 1\\ 0 & 1\end{bmatrix},\qquad [\boldsymbol{Q}]^{-1}=\begin{bmatrix}1 & -1\\ 0 & 1\end{bmatrix} \tag{10.41}$$

ここで，式(10.16)の座標変換を行う。

$$\begin{bmatrix}d_1\\ d_2\end{bmatrix}=\begin{bmatrix}1 & 1\\ 0 & 1\end{bmatrix}\begin{bmatrix}u_1\\ u_2\end{bmatrix}=\begin{bmatrix}u_1+u_2\\ u_2\end{bmatrix} \tag{10.42}$$

また，式(10.18)〜(10.21)に式(10.41)を代入すると

$$\bar{\boldsymbol{M}}=\begin{bmatrix}1 & 0\\ 1 & 1\end{bmatrix}\begin{bmatrix}\bar{m}_1 & 0\\ 0 & \bar{m}_2\end{bmatrix}\begin{bmatrix}1 & 1\\ 0 & 1\end{bmatrix}=\begin{bmatrix}\bar{m}_1 & \bar{m}_1\\ \bar{m}_1 & \bar{m}_1+\bar{m}_2\end{bmatrix} \tag{10.43}$$

$$\bar{\boldsymbol{K}}=\begin{bmatrix}1 & 0\\ 1 & 1\end{bmatrix}\begin{bmatrix}k_1 & 0\\ 0 & k_2\end{bmatrix}\begin{bmatrix}1 & 1\\ 0 & 1\end{bmatrix}=\begin{bmatrix}k_1 & k_1\\ k_1 & k_1+k_2\end{bmatrix} \tag{10.44}$$

$$\bar{\boldsymbol{r}}=\begin{bmatrix}1 & 0\\ 1 & 1\end{bmatrix}\begin{bmatrix}r_1\\ r_2\end{bmatrix}=\begin{bmatrix}r_1\\ r_1+r_2\end{bmatrix} \tag{10.45}$$

$$\bar{\boldsymbol{f}}=\begin{bmatrix}1 & 0\\ 1 & 1\end{bmatrix}\begin{bmatrix}f_1\\ f_2\end{bmatrix}=\begin{bmatrix}f_1\\ f_1+f_2\end{bmatrix} \tag{10.46}$$

となる。

この場合，式(4.75)，(4.76)より正射影マトリクスとして，次式を採用することができる。

$$\boldsymbol{P}_L=\begin{bmatrix}0 & 0\\ 0 & 1\end{bmatrix} \tag{10.47}$$

$$\boldsymbol{P}_{L^\perp}=\begin{bmatrix}1 & 0\\ 0 & 0\end{bmatrix} \tag{10.48}$$

式(10.47)，(10.48)を式(10.29)，(10.30)に代入すると

$$\hat{\boldsymbol{M}}=\begin{bmatrix}\bar{m}_1 & \bar{m}_1\\ \bar{m}_1 & \bar{m}_1+\bar{m}_2\end{bmatrix}\begin{bmatrix}0 & 0\\ 0 & 1\end{bmatrix}=\begin{bmatrix}0 & \bar{m}_1\\ 0 & \bar{m}_1+\bar{m}_2\end{bmatrix} \tag{10.49}$$

$$\hat{\boldsymbol{K}}=\begin{bmatrix}1 & k_1\\ 0 & k_1+k_2\end{bmatrix} \tag{10.50}$$

以上の諸式を用いて，式(10.31)を作ると

$$\begin{bmatrix} 0 & \bar{m}_1 \\ 0 & \bar{m}_1+\bar{m}_2 \end{bmatrix}\begin{bmatrix} \ddot{a}_1 \\ \ddot{a}_2 \end{bmatrix}+\begin{bmatrix} 1 & k_1 \\ 0 & k_1+k_2 \end{bmatrix}\begin{bmatrix} a_1 \\ a_2 \end{bmatrix}=\begin{bmatrix} f_1 \\ f_1+f_2 \end{bmatrix} \tag{10.51}$$

ここで，自由振動解を求めてみる（$f_1=f_2=0$）。

式(10.51)の第1式，第2式を書き下すと

$$\bar{m}_1\ddot{a}_2+a_1+k_1a_2=0 \tag{10.52}$$

$$(\bar{m}_1+\bar{m}_2)\ddot{a}_2+(k_1+k_2)a_2=0 \tag{10.53}$$

となる。式(10.53)より初期条件として $a_2(t=0)=X$，$\dot{a}_2(t=0)=0$ の場合

$$a_2=X\cos\bar{\omega}t \tag{10.54}$$

である。ここに

$$\bar{\omega}=\sqrt{\frac{k_1+k_2}{\bar{m}_1+\bar{m}_2}} \tag{10.55}$$

である。

式(10.54)を式(10.52)に代入すると

$$a_1=(\bar{m}_1\bar{\omega}^2-k_1)X\cos\bar{\omega}t \tag{10.56}$$

式(10.54)，(10.56)の a_1，a_2 を式(10.26)，(10.27)に代入すると

$$\begin{bmatrix} u_1 \\ u_2 \end{bmatrix}=\begin{bmatrix} 0 & 0 \\ 0 & 1 \end{bmatrix}\begin{bmatrix} a_1 \\ a_2 \end{bmatrix}=\begin{bmatrix} 0 \\ a_2 \end{bmatrix}=\begin{bmatrix} 0 \\ X\cos\bar{\omega}t \end{bmatrix} \tag{10.57}$$

$$\begin{bmatrix} \bar{r}_1 \\ \bar{r}_2 \end{bmatrix}=\begin{bmatrix} 1 & 0 \\ 0 & 0 \end{bmatrix}\begin{bmatrix} a_1 \\ a_2 \end{bmatrix}=\begin{bmatrix} a_1 \\ 0 \end{bmatrix}=\begin{bmatrix} (\bar{m}_1\bar{\omega}^2-k_1)X\cos\bar{\omega}t \\ 0 \end{bmatrix} \tag{10.58}$$

上式を式(10.16)，(10.20)に代入すると

$$\begin{bmatrix} d_1 \\ d_2 \end{bmatrix}=\begin{bmatrix} u_1+u_2 \\ u_2 \end{bmatrix}=X\cos\bar{\omega}t\begin{bmatrix} 1 \\ 1 \end{bmatrix} \tag{10.59}$$

$$\begin{aligned}\begin{bmatrix} \bar{r}_1 \\ \bar{r}_2 \end{bmatrix}&=\begin{bmatrix} 1 & 0 \\ -1 & 1 \end{bmatrix}\begin{bmatrix} (\bar{m}_1\bar{\omega}^2-k_1)X\cos\bar{\omega}t \\ 0 \end{bmatrix}\\&=\begin{bmatrix} (\bar{m}_1\bar{\omega}^2-k_1)X\cos\bar{\omega}t \\ -(\bar{m}_1\bar{\omega}^2-k_1)X\cos\bar{\omega}t \end{bmatrix}=\begin{bmatrix} \bar{r}_1 \\ -\bar{r}_1 \end{bmatrix}\end{aligned} \tag{10.60}$$

式(10.59)より，$d_1=d_2$ で振動していることがわかる。

なお，$\bar{m}_1$，$\bar{m}_2$ が独立で振動する時の固有円振動数は

$$\omega_1 = \sqrt{\frac{k_1}{\bar{m}_1}}\,, \qquad \omega_2 = \sqrt{\frac{k_2}{\bar{m}_2}} \tag{10.61}$$

である。

10.3.2 反　発　係　数

質量 $\bar{m}_1$，$\bar{m}_2$ の二つの質点が衝突する際，衝突前の速度を v_1，v_2 とし，衝突後の速度を v_1'，v_2' とすると，運動量保存の法則より

$$\bar{m}_1 v_1 + \bar{m}_2 v_2 = m_1 v_1' + m_2 v_2' \tag{10.62}$$

が成立する。また，反発係数 e は

$$e = -\frac{v_1' - v_2'}{v_1 - v_2} \tag{10.63}$$

で表される。式(10.62)，(10.63)より，衝突後の二つの質点の速度をそれぞれ求めると次式となる。

$$v_1' = v_1 - \frac{\bar{m}_2(1+e)}{\bar{m}_1 + \bar{m}_2}(v_1 - v_2) \tag{10.64}$$

$$v_2' = v_2 - \frac{\bar{m}_1(1+e)}{\bar{m}_1 + \bar{m}_2}(v_1 - v_2) \tag{10.65}$$

〔1〕 **完全弾性衝突**（$e = 1$）**の場合**　　式(10.64)，(10.65)に $e = 1$ を代入し，二つの質点が等質量とすると

$$v_1' = v_2 \tag{10.66}$$

$$v_2' = v_1 \tag{10.67}$$

となり，衝突の前後で二つの質点はその速度をたがいに交換し，最もよくはね返る。

〔2〕 **非弾性衝突**（$0 \leqq e < 1$）**の場合**　　非弾性衝突で，$e = 0$ の場合を完全非弾性衝突という。式(10.64)，(10.65)に $e = 0$ を代入し，二つの質点が等質量とすると

$$v_1' = v_2' = \frac{v_1 + v_2}{2} \tag{10.68}$$

となり，衝突後二つの質点の速度は同じになり，一体となって運動する。な

お，衝突後の速度の大きさは衝突前の二つの質点の速度の平均値となる。

また，$0 \leqq e < 1$ のときの衝突を非弾性衝突といい，完全弾性衝突（$e=1$）と完全非弾性衝突（$e=0$）との中間的な衝突現象で，反発係数 e の値に応じて衝突後の速度とはね返りの程度が変化する。

10.3.3 エネルギー評価

2自由度の系全体のエネルギーは，それぞれ次式で表される。

運動エネルギー：

$$E_k = \frac{1}{2}\dot{\boldsymbol{d}}^T \boldsymbol{M} \dot{\boldsymbol{d}} \tag{10.69}$$

ポテンシャルエネルギー：

$$E_p = \frac{1}{2}\boldsymbol{d}^T \boldsymbol{K} \boldsymbol{d} \tag{10.70}$$

接触力のなす仕事：

$$E_r = \int_0^t \dot{\boldsymbol{d}}^T \boldsymbol{r}\, dt \tag{10.71}$$

振動エネルギー：

$$E_v = E_k + E_p \tag{10.72}$$

式(10.72)の系全体の振動エネルギーは，反発係数が $e=1$（完全弾性衝突）の場合のみ，一定値を保持する。非弾性衝突の場合は，振動エネルギーの一部が熱エネルギーなどに変わり，逸散することで振動エネルギーは保存されない。

10.3.4 解析結果

〔1〕 接触を考慮しない場合の自由振動性状　接触をまったく考慮しないで，各質点が独立に自由振動する場合の時刻歴の変位波形と速度波形を**図 10.3** に示す。

〔2〕 接触を考慮した場合の自由振動性状

(1) 接触力と仮想変位の時刻歴変化（$e=0$）　反発係数 $e=0$（完全非

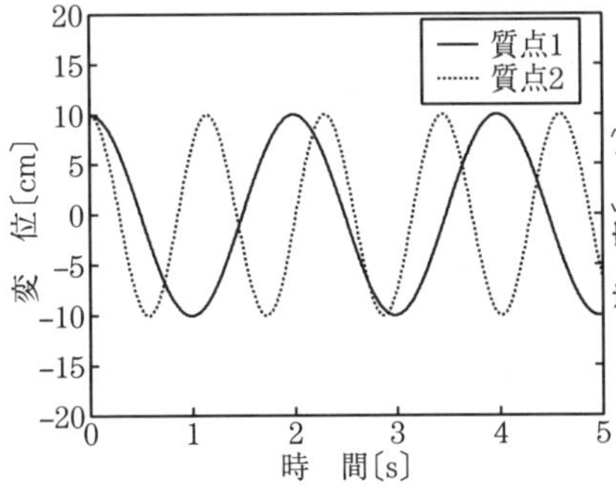

（a）　時刻歴変位波形

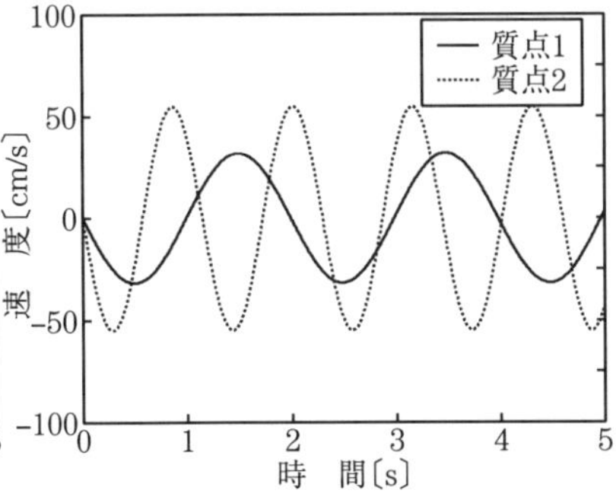

（b）　時刻歴速度波形

図 10.3　接触を考慮しない場合の自由振動

弾性衝突）の場合の接触力の時刻歴変化を**図 10.4** に示し，仮想変位 $\boldsymbol{a}$ の時刻歴変化を**図 10.5** に示す。図 10.4 より，時刻歴中，つねに $r_1 + r_2 = 0$ であり，作用・反作用の法則を示している。接触力が零になると非接触状態に移行し，二つの質点は別々に運動する。図 10.5 より，接触，非接触の状態が変化する度に，仮想変位 a_1 には接触中の接触力 r_1 と非接触中の質点 1 の変位 d_1 が入れ替わり入るので不連続となる。また，もう一つの仮想変位 a_2 には接触中の変位 $d_1 = d_2$ と非接触中の質点 2 の変位 d_2 が入れ替わり入っている。

すなわち，変位と接触力のように二つの未知量が直交している条件下においては，各々の情報を同時に含んだ一つの未知量を正射影によって，それぞれの

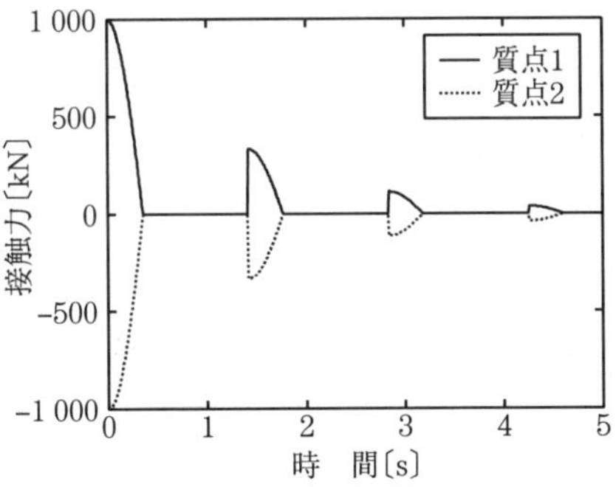

図 10.4　接触力の時刻歴変化

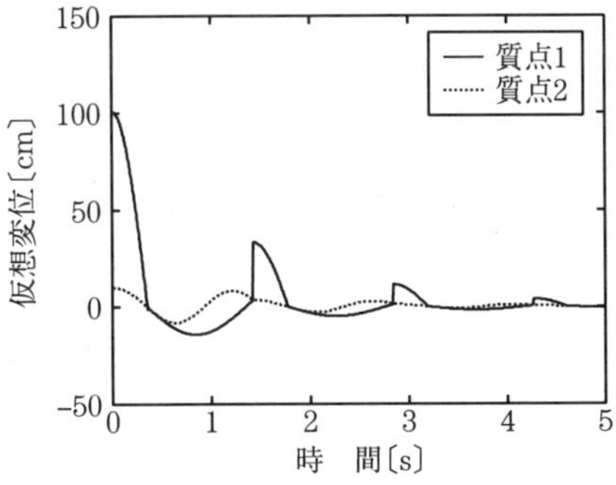

図 10.5　仮想変位の時刻歴変化

未知量に分解することができることを示している。

(2)　反発係数による時刻歴変位波形　反発係数ごとの時刻歴変位波形を**図 10.6** に示す。図(a)より，二つの質点は最初は接触状態で一緒に運動し，約 0.5 秒付近で非接触状態に移行し，別々に運動する。その後，再び二つの質点の変位が等しくなったところで接触状態に移行する。このように接触状態と非接触状態を，交互に繰り返す。なお，この場合，完全非弾性衝突により，衝突の度に少しずつ運動エネルギーが失われ，非減衰にもかかわらず変位が徐々に減少する。

一方，図(c)を見ると，完全弾性衝突のため，跳ね返りが最も顕著で，接触

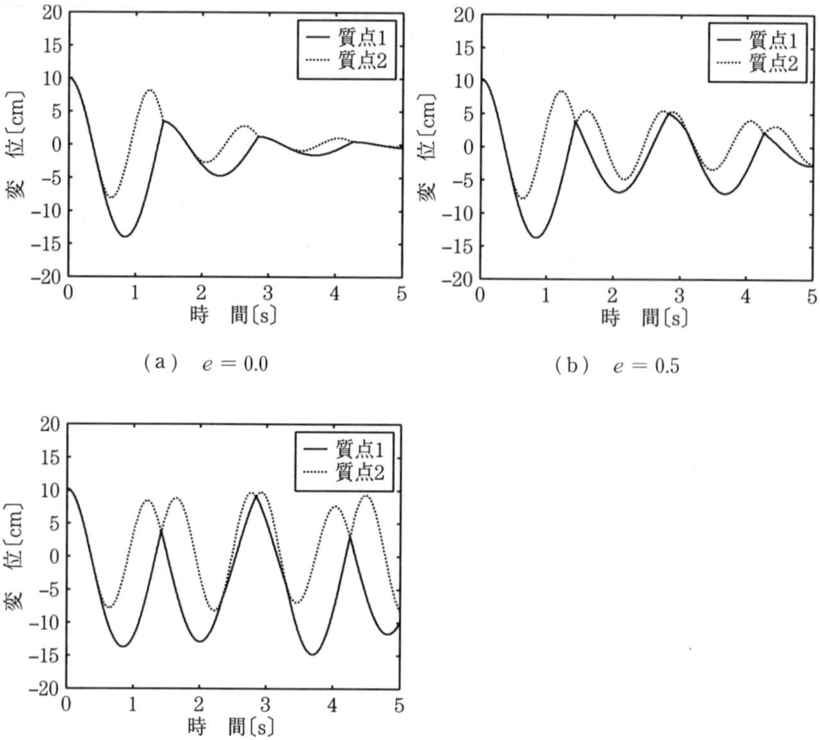

(a)　$e = 0.0$　　(b)　$e = 0.5$

(c)　$e = 1.0$

図 10.6　接触を考慮した時刻歴変位波形

が繰り返されても変位は減少しない。図(b)の非弾性衝突では，衝突により変位が減少するが，完全弾性衝突と完全非弾性衝突の中間的な性状を示している。

（3） **反発係数による時刻歴速度波形**　反発係数ごとの時刻歴速度波形を**図 10.7** に示す。図(a)より，二つの質点は最初は接触状態で一緒に運動し，約 0.5 秒付近で非接触状態に移行し，別々に運動する。その後，1.5 秒付近で接触状態に移行しているが，この場合，完全非弾性衝突で等質量により，衝突後二つの質点の速度は同じになり，一体となって運動する。なお，衝突後の速度の大きさは衝突前の各質点の速度の平均値となっている。

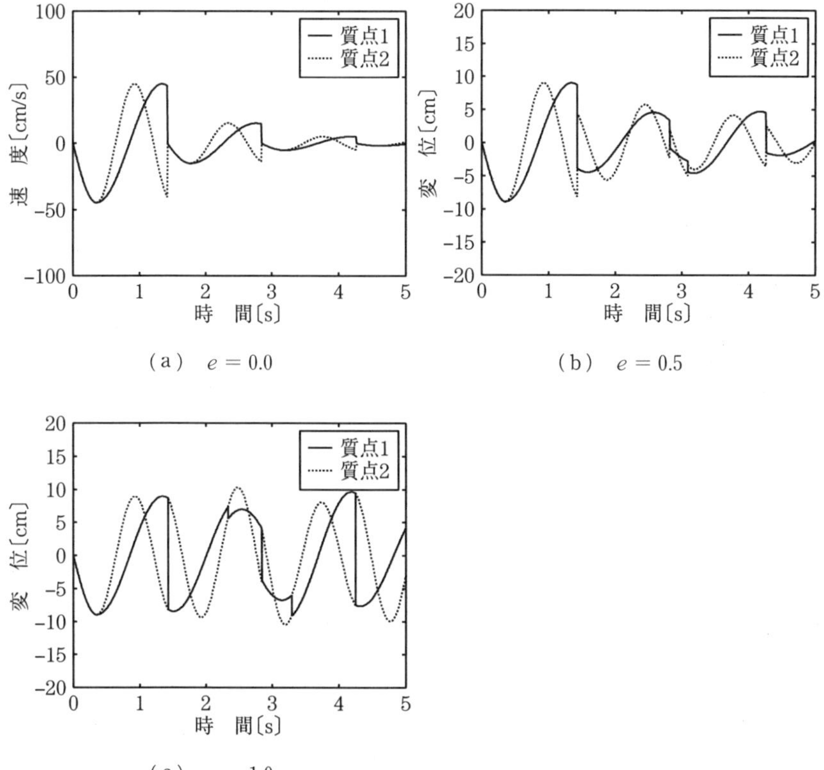

（a） $e = 0.0$　　（b） $e = 0.5$

（c） $e = 1.0$

図 10.7　接触を考慮した時刻歴速度波形

一方，図(c)を見ると，完全弾性衝突で等質量により，衝突の前後で二つの質点はその速度をたがいに交換している。図(b)の非弾性衝突では，衝突により速度が徐々に減少し，完全弾性衝突と完全非弾性衝突の中間的な性状を示している。

(4)　反発係数によるエネルギーの時刻歴変化　各反発係数のエネルギーの変化を式(10.69)～(10.72)により系全体で評価すると，振動エネルギーの減少は完全非弾性衝突の場合が最も大きい。完全弾性衝突における振動エネルギーは，時間に関してつねに一定値を保持する。

また，いずれの反発係数においても，系全体として接触力のなす仕事は，つねに零である。これは接触力の値が時刻歴中，二つの質点でつねに同値逆負号であるためである。

11 静的接触問題への応用

11.1 接触の定義

物体間の接触力（内力）の有無（圧縮・引張），物体の変位の方向にかかわらず，つねに同じ変位をする物体を，接合状態にあると定義する。これに対して，物体間に圧縮の接触力が存在するときには力の伝達が物体相互間で行われるが，物体の変位に伴って引張の接触力が生じたときには，物体が離れる状態を，接触と定義する。ここでは，ボット・ダフィン逆行列の静的接触問題への応用，特に，組積造構造物への応用を扱う。

11.2 平板の接触問題への応用

現実の接触問題においては，物体相互間の摩擦が重要な役割を果たす場合が多いが，本節では摩擦の影響を無視し，接触面の法線方向にのみ接触力（内力）が作用する場合を扱う。

図 11.1 に示すような一端を固定支持された 2 枚の平板の上に，1 枚の平板が載っているモデルを考える。支持する 2 枚の平板（100 cm×100 cm）の厚さを一定（$t = 2$ cm）とし，上に載せる平板（100 cm×200 cm）の厚さを変化（$t = 4$ cm，0.5 cm）させ，それぞれの場合の変形状態を調べる。

図 11.2 は対称条件を考慮した平板の解析モデルで，解析には 9 節点積層シェル要素を用いる[1),2)]。解析に用いた材料定数は，ヤング係数 2.1×10^5kgf/

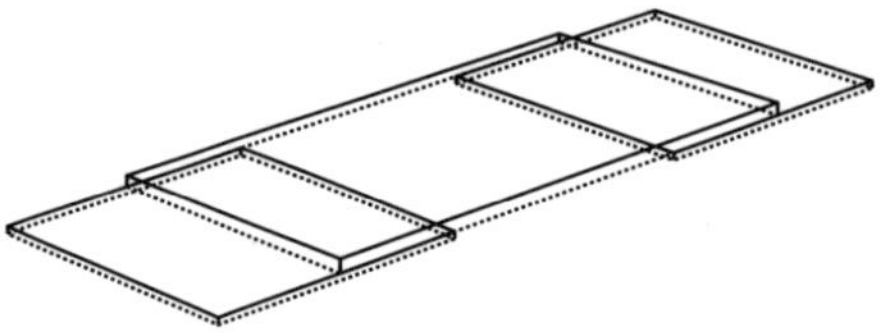

図 11.1　平板の解析モデル

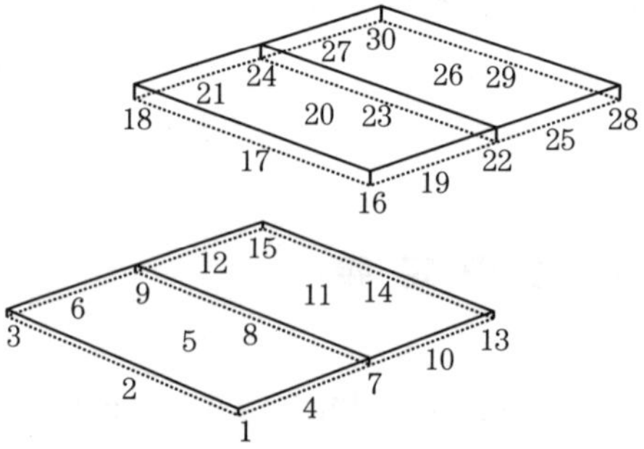

図 11.2　対称条件を考慮した平板の解析モデル

cm² （=20.58 kN/mm²），単位体積重量 2.3 tf/m³ （=22.6 kN/m³），ポアソン比 0.17 で，荷重としては自重のみを考慮する。

解析は，平板の重なる面の節点，例えば 7 と 16，8 と 17 がすべて接合状態（制約条件 $\boldsymbol{Ad} = \mathbf{0}$）から始め，各節点について接触・非接触の判定を行う。それぞれの状態への移行は，次のように行われる。

（i）**接触状態→非接触状態**　接触状態から非接触状態への移行は，接触状態にある節点間の接触力（内力）が圧縮から零になったとき（$\boldsymbol{r} = \mathbf{0}$）に生じ，非接触状態になった節点は別々に変位する。

（ii）**非接触状態→接触状態**　非接触状態から接触状態への移行は，別々に変位していた節点 i，j の変位が等しくなったとき（$d_i = d_j$）に生じ，接触状態になった節点間では力（圧縮）の伝達が行われる。

接触・非接触の判定を繰り返し，状態が変化しなくなったときを真の状態（解）とする。

表 11.1 に，解析の各ステップにおける接触・非接触の判定結果を示す。表中，圧縮・引張は接触力の圧縮・引張を，非接触は解析の前ステップで接触力が引張になり，非接触状態にあることを示す。ボット・ダフィン逆行列を用い

表 11.1 平板の接触解析結果

	板厚：4 cm			板厚:0.5 cm
	ステップ 1	ステップ 2	ステップ 3	ステップ 1
節点 7-16	圧　縮	圧　縮	圧　縮	圧　縮
節点 8-17	圧　縮	圧　縮	圧　縮	圧　縮
節点 9-18	圧　縮	圧　縮	圧　縮	圧　縮
節点 10-19	引　張	非接触	非接触	圧　縮
節点 11-20	引　張	非接触	非接触	圧　縮
節点 12-21	引　張	非接触	非接触	圧　縮
節点 13-22	圧　縮	引　張	非接触	圧　縮
節点 14-23	引　張	非接触	非接触	圧　縮
節点 15-24	圧　縮	引　張	非接触	圧　縮

ているため，解析の各ステップで接触状態と非接触状態が移行しても剛性マトリクスの再計算は不要で，制約条件（$\boldsymbol{Ad} = \boldsymbol{0}$）を変更するだけで解析が可能となる。

図 11.3，**図 11.4** に，上に載せる平板の厚さがそれぞれ 4 cm，0.5 cm のときの変形図を示す。これより，板厚 4 cm のときには，上の平板の内側が下の平板から離れている様子（非接触状態）が，板厚 0.5 cm のときには，上下の平板が接触している様子（接合状態）がわかる。

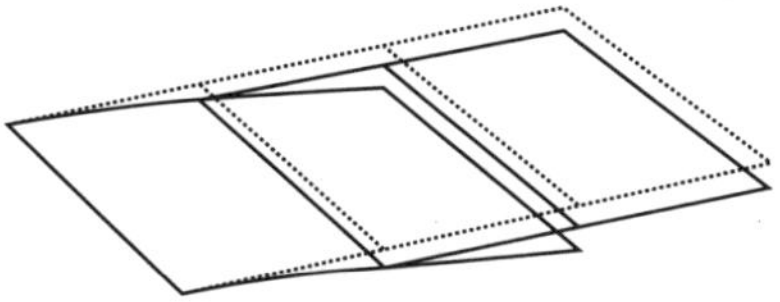

図 11.3 平板の変形図（板厚 4 cm）

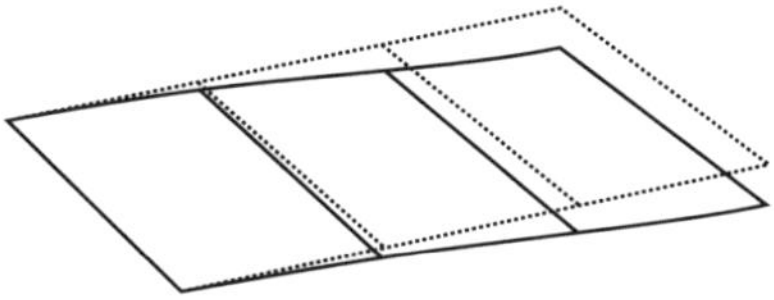

図 11.4 平板の変形図（板厚 0.5 cm）

11.3 組積造構造物への応用

ヨーロッパに現存する水道橋や，日本の九州地方を中心に現存する眼鏡橋に代表される石造アーチ橋，また，ヨーロッパの教会堂，宮殿や中世の住宅の多くは，石やレンガと，その間の石やレンガに比べて相対的に弱いモルタルで構成されている。特に，石橋に関しては，空目地（モルタルを使用しない）の場合も少なくない。圧縮強度が高く，引張力に対して非常に弱いこれらの組積造構造物は，力学的には石材間ないしレンガ間の接触問題に置換することが可能となる。

両端を固定された組積造の梁の中央に，集中荷重が作用する例を考える。**図 11.5** に示すように，解析には 8 節点アイソパラメトリック要素を用い，対称条件を考慮して左側半分に解析モデルを設定する。解析では制約条件を考慮するため，目地の部分の節点を二重定義している。

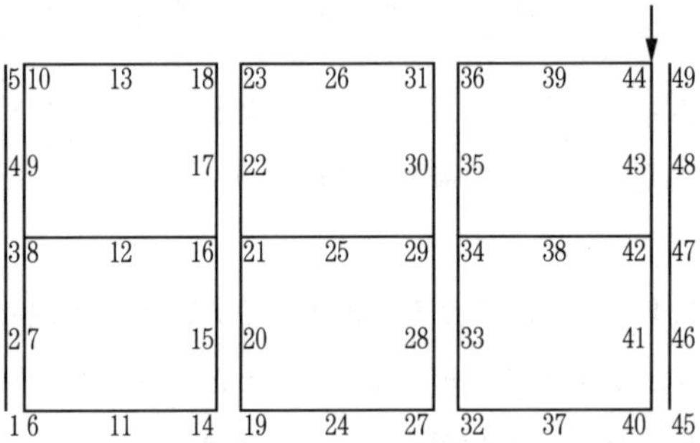

図 11.5　対称条件を考慮した梁の解析モデル

例えば節点 1 と 6，2 と 7 は同一座標であるが，解析モデルをわかりやすくするため，目地の部分の節点を離して図示している。梁は長さ 24 cm，高さ 6 cm，幅 3 cm で，ヤング係数 1.0×10^5kgf/cm^2（$=9.8$ kN/mm^2），ポアソン比 0 とする。集中荷重の大きさは 100 kgf（=981 N）で，自重の影響は無視している。

解析は石材間の目地が引張に抵抗できる，すなわち全目地が接合状態（制約条件 $\boldsymbol{Ad}=\mathbf{0}$）から始め，目地を挟む各節点について接触・非接触の判定を行う。**図 11.6** に，全目地が接合状態の場合の変形図と主応力図を示す。石材に引張応力が生じている様子がわかる。

石材間の目地を考慮（接触・非接触を考慮）した場合の変形図を**図 11.7** に，主応力図を**図 11.8** にそれぞれ示す。石材が離れている様子が，また石材に引

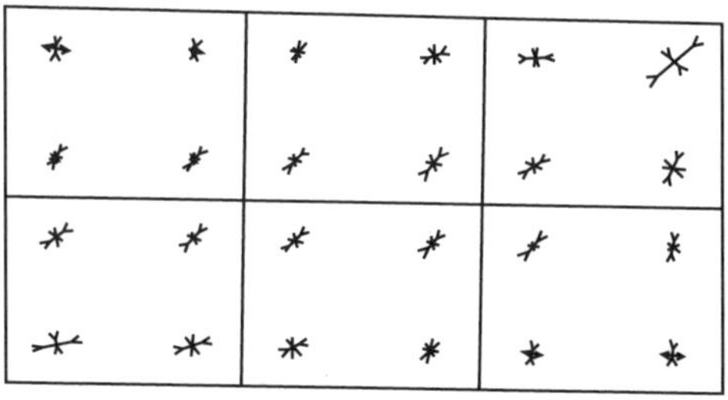

図 11.6　目地を無視した場合（接合状態）の変形と主応力図

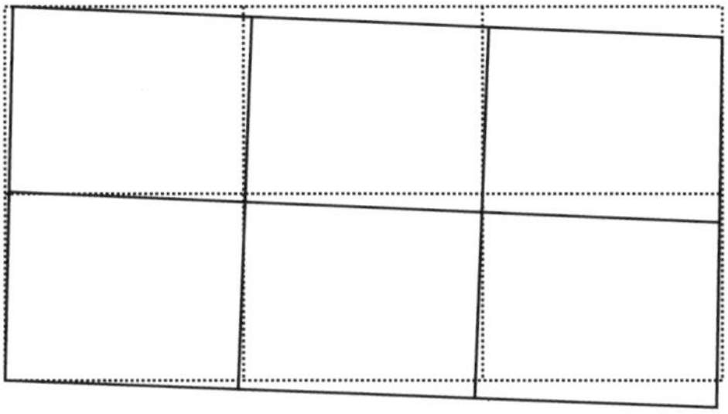

図 11.7　接触・非接触を考慮した場合の変形図

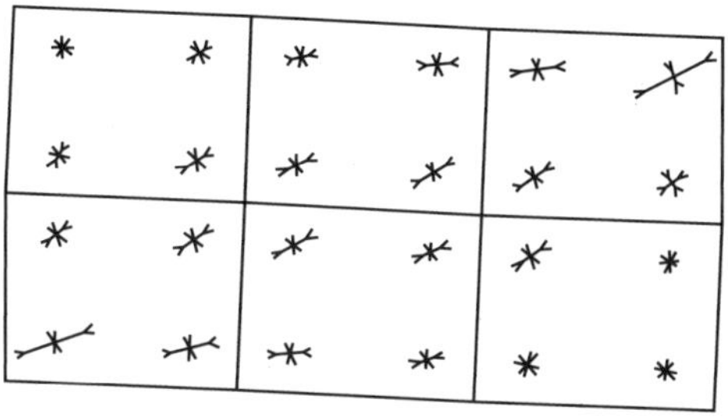

図 11.8　接触・非接触を考慮した場合の変形と主応力図

張応力が生じていない様子がわかる。

組積造構造物の補強方法として，楔（くさび）はその有効な手段として古くから用いられてきた。楔を打ち込むことは，制約条件（$\boldsymbol{Ad}=\mathbf{0}$）の右辺の制約条件ベクトルが$\mathbf{0}$ではなく，楔の形状$\boldsymbol{g}$となることである。すなわち，変位制約を伴う構造解析に置換される。図 11.5 に示した両端を固定された組積造の梁の中央に集中荷重が作用する例題で，梁端上部と梁中央下部にクラック幅に相当する楔を打ち込んだ場合の解析結果は，図 11.7，図 11.8 に相当する。

次に，**カスティリアーノ**（C.A.P. Castigliano）が解析した組積造アーチ橋を考える[3]。イタリア，トリノのドラ・リパリア川に架かるモスカ橋で，1827 年に建設された。拱間（きょうかん）（スパン）45 m，拱矢（きょうし）（ライズ）5.5 m，幅 12.6 m で，迫石（せりいし）（アーチを構成するくさび形などに切り出された石）の高さは，頂部で 1.5 m，起拱点（ききょうてん）（アーチの立ち上がり部分）で 2.0 m である。**図 11.9** に示すように，解析には 8 節点アイソパラメトリック要素を用い，対称条件を考慮して右側半分に解析モデルを設定する。解析に用いた材料定数は，ヤング係数 2.1×10^5 kgf/cm^2（$=20.58$ kN/mm^2），単位体積重量 2.7 tf/m^3（$=26.5$ kN/m^3），ポアソン比 0 で，荷重としては自重のみを考慮する。また，迫石の上部の剛性は無視し，荷重のみ考慮する。

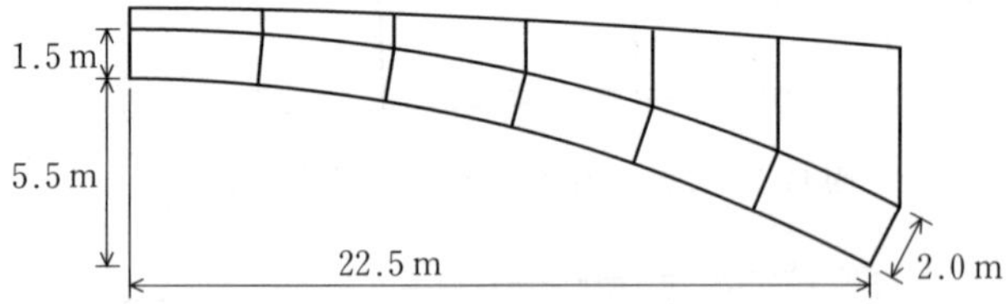

図 11.9　対称条件を考慮したモスカ橋の解析モデル

制約条件は，迫石（接触面）の法線方向の接触力と，接触面に平行な接触力（摩擦力）に分けて考える必要がある。

図 11.10 に示すように，迫石の面が全体座標系（直交座標系 xy）と θ の角度をなして置かれた場合を考える。全体座標系における変位 (d_x, d_y) と局所座標系 tn における変位 (d_t, d_n) は

$$\begin{bmatrix} d_t \\ d_n \end{bmatrix} = \begin{bmatrix} \cos\theta & \sin\theta \\ -\sin\theta & \cos\theta \end{bmatrix} \begin{bmatrix} d_x \\ d_y \end{bmatrix} \tag{11.1}$$

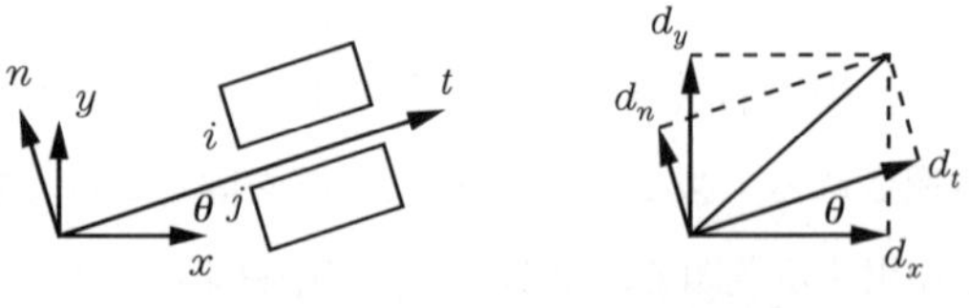

図 11.10　局所座標系における変位

で関係付けられる。式(11.1)を用いると，節点 i，j に関する制約条件マトリクスは

$$\begin{bmatrix} -\sin\theta & \cos\theta & \sin\theta & -\cos\theta \\ \cos\theta & \sin\theta & -\cos\theta & -\sin\theta \end{bmatrix} \begin{bmatrix} d_{xi} \\ d_{yi} \\ d_{xj} \\ d_{yj} \end{bmatrix} = \begin{bmatrix} d_n \\ d_t \end{bmatrix} = \begin{bmatrix} 0 \\ 0 \end{bmatrix} \qquad (11.2)$$

となる。

図 11.11 および**図 11.12** に，石材間の目地を無視した場合（全目地が接合状態）の変形図と主応力図をそれぞれ示す。また，石材間の目地を考慮（接触・非接触を考慮）した場合の起拱点における迫石の変形図を**図 11.13** に，主応力図を**図 11.14** にそれぞれ示す。

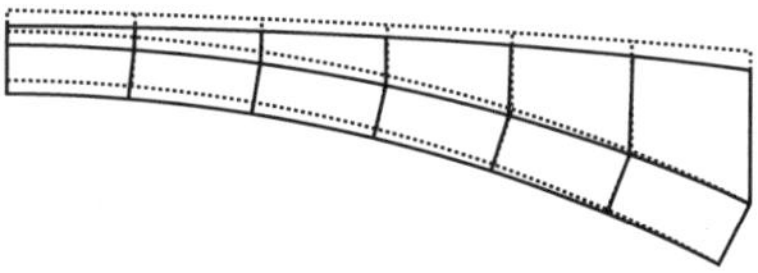

図 11.11 目地を無視した場合（全目地が接合状態）の変形図

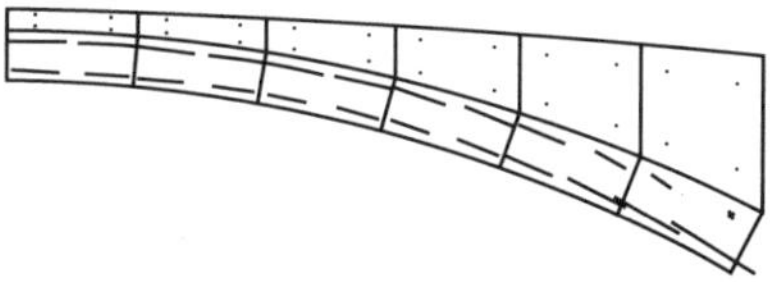

図 11.12 目地を無視した場合（全目地が接合状態）の主応力図

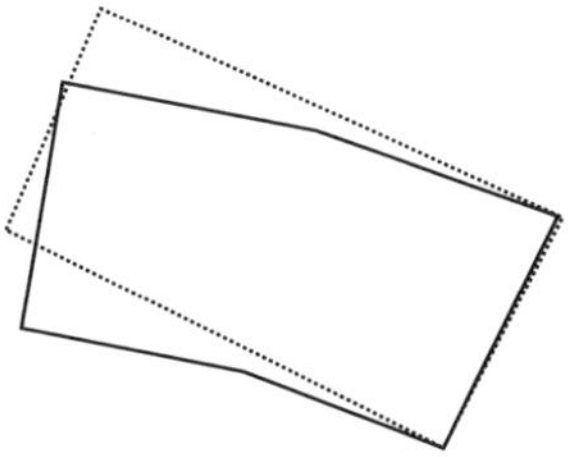

図 11.13 目地を考慮（接触・非接触を考慮）した場合の起拱点迫石の変形図

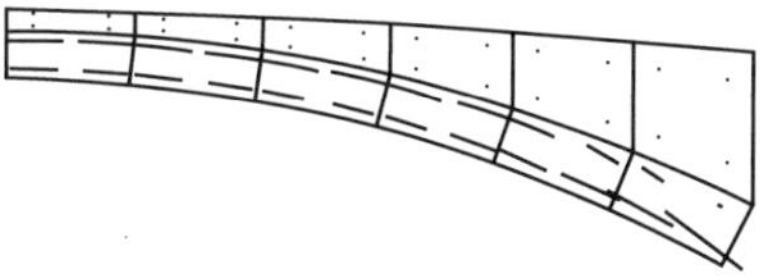

図 11.14 目地を考慮（接触・非接触を考慮）した場合の主応力図

これらの図より，起拱点で迫石が離れている様子がわかる。カスティリアーノは，著書の中でクラックの生じない迫石の高さを求めているが[3),4)]，同様の計算はボット・ダフィン逆行列を用いた解析で，接触力 $\boldsymbol{r}$ が迫石間の全断面で圧縮になる断面を求めることにより可能となる[6)]。

図 11.15 に示す，右側が剛体で支持された壁（1 m×1 m×0.2 m）を考える。解析には三角形定ひずみ要素を用いる。解析に用いた材料定数は，ヤング係数 2.1×10^5kgf/cm²（=20.58 kN/mm²），単位体積重量 2.3 tf/m³（=22.6 kN/m³），ポアソン比 0 である。自重を受けた状態に，水平力を徐々に作用させた場合，すべりが生じる様子がわかる（**図 11.16**）。解析には荷重増分法を用い，各荷重段階で接触・非接触の判定（摩擦力で接触力の判定）を行っている。

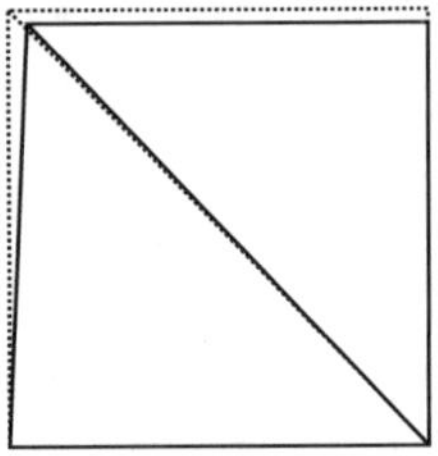

図 11.15　接合状態の場合の変形図

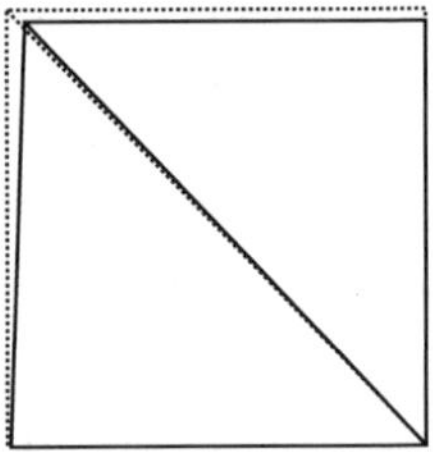

図 11.16　接触・非接触を考慮した場合の変形図

図 11.17 および**図 11.18** に示す，大きさの異なる 2 枚の壁（1 m×1 m×0.2 m，1 m×2 m×0.2 m）が接着されている場合を考える。

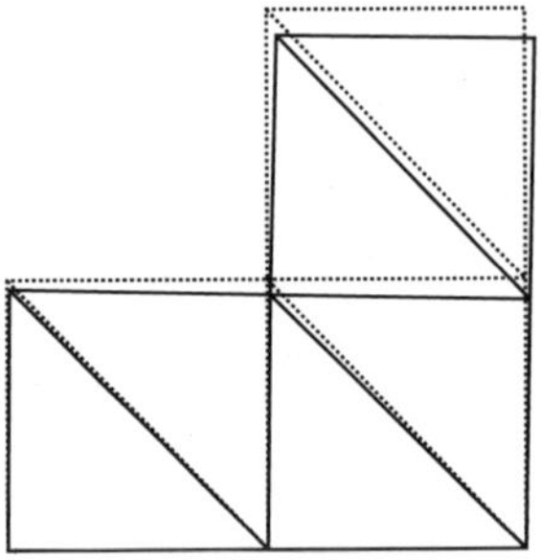

図 11.17　接合状態の場合の変形図

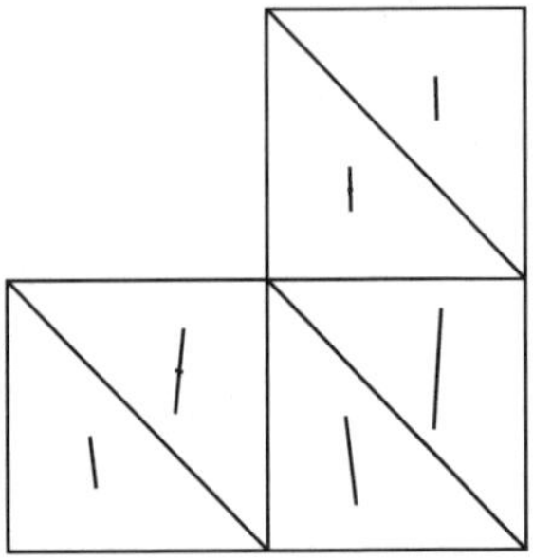

図 11.18　接合状態の場合の主応力図

解析に用いた材料定数は，これまでと同様である。ここでも，荷重としては自重のみを考慮する。

接触・非接触を考慮した場合，断面形状の大きく変化する部分で，せん断ク

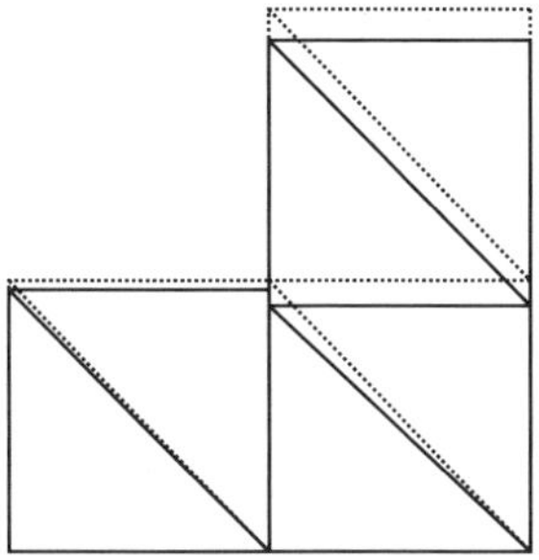

図 11.19　接触・非接触を考慮した場合の変形図

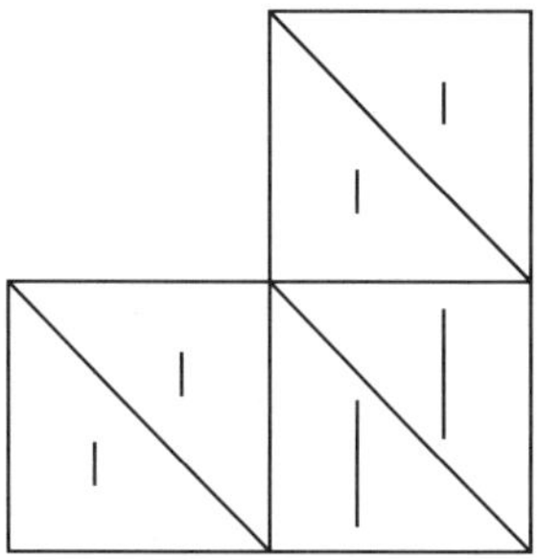

図 11.20　接触・非接触を考慮した場合の主応力図

ラックが生じる様子がわかる（**図 11.19**，**図 11.20**）。

図 11.21 に示す，2 層 1 スパンの壁（3 m×6 m×0.25 m，開口部の大きさは 1 m×2 m，1 m×1.5 m）を考える。

解析に用いた材料定数は，これまでと同様である。自重を受けた状態に，水平力を徐々に作用させた場合を**図 11.22** と**図 11.23** に示す。図 11.22 は接合状態の場合である。図 11.23 は接触・非接触を考慮した場合であり，ロッキング現象の生じる様子がわかる[5),6),7)]。

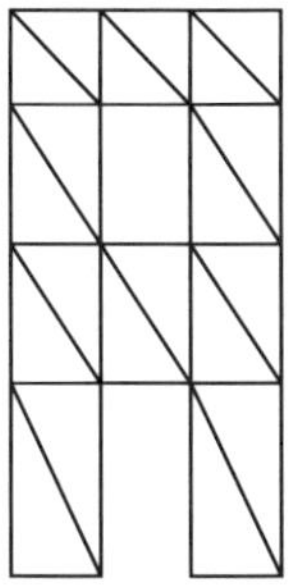

図 11.21　2 層 1 スパンの解析モデル

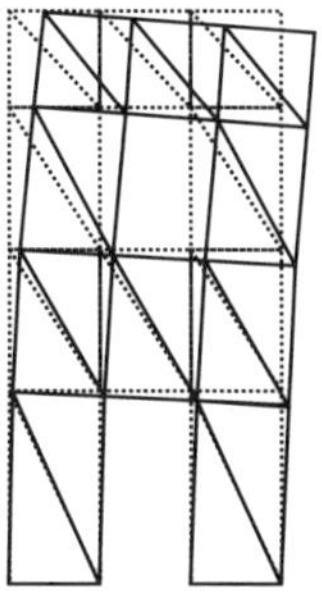

図 11.22　接合状態の場合の変形図

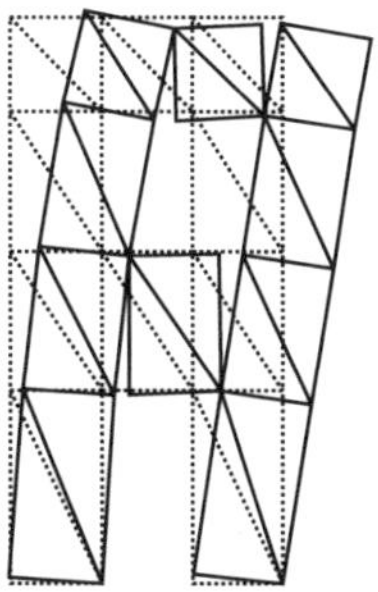

図 11.23　接触・非接触を考慮した場合の変形図

石やレンガと，その間の相対的に弱いモルタルで構成されている組積造構造物を，力学的に石材間ないしレンガ間の接触問題に置換することにより，ボット・ダフィン逆行列を用いた接触問題として解析することが可能であることを示した。さらに，接触力 $\boldsymbol{r}$ を実験結果等により決定することで，組積造構造物への適用範囲を広げることが可能となる。

ボット・ダフィン逆行列を応用する解法は，解析の各ステップにおいて，各節点で接触状態と非接触状態が移行しても剛性マトリクスの再計算は不要で，制約条件（$\boldsymbol{Ad} = \boldsymbol{0}$）を変更するだけで解析が可能となる。同時に接触力 $\boldsymbol{r}$ の評価が可能であり，接触力を接触状態，非接触状態の判定に用いることができるという点に，その有用性がある。

参　考　文　献

1 章～4 章（線形代数の基礎）

1）R. Bott and R. J. Duffin：on the algebra of networks, Trans. Am. Math. Soc., **74**, pp.99-109 (1953)

2）Maciej Domaszewski and Adam Borkowski：generalized inverses in elastic-plastic analysis of structures, J. Struct. Mech., **12**, 2, pp.219-244 (1984)

3）半谷裕彦，川口健一：形態解析一般逆行列とその応用，計算力学と CAE シリーズ **5**，培風館（1991）

5 章（ボット・ダフィン逆行列の応用例）

1）半谷裕彦：変位制限を持つ構造物の解析—Bott・Duffin 逆行列のひとつの応用—，日本建築学会大会学術講演梗概集，pp.1381-1382（1988.10）

2）半谷裕彦：構造物の形態解析，土木学会論文集，501/Ⅰ-29，pp.11-20（1994.10）

3）日本建築学会 編：建築構造物の設計力学と制御動力学，応用力学シリーズ **2**，pp.35-51（1994）

4）半谷裕彦：構造物の形態解析と創生，生産研究，**47**，1，pp.2-9（1995.1）

5）半谷裕彦：構造物の形態解析と創生，構造形態の解析と創生（日本建築学会応用力学運営委員会・構造形態の解析と創生小委員会），pp.1-19（1995.3）

6）半谷裕彦：Bott・Duffin 逆行列の形態解析への応用，計算工学講演会論文集，**1**，pp.511-514（1996.5）

7）半谷裕彦，田波徹行，多田敬幸，佐藤　健，中川太郎，萱島　誠，岡　日出夫：Bott・Duffin 逆行列の静的及び動的解析への応用，計算工学講演会論文集，**2**，pp.41-44（1997.5）

8）佐藤　健：Bott・Duffin 逆行列のアクティブ制御解析への応用，計算工学公開セミナーテキスト，pp.39-51（1998.3）

9）計算工学研究会「形態非線形問題の数値解析法とその応用」編：Bott・Duffin 逆行列による変位拘束を持つ構造物の解析（1995.3）

10）半谷裕彦，関　富玲：Bott・Duffin 逆行列による変位制限を持つ構造物の解

析，日本建築学会構造系論文報告集，396，pp.82-86（1989.2）

11）半谷裕彦，鈴木俊男，関　富玲：変位制限を持つ膜構造の解析，構造工学における数値解析シンポジウム論文集，**13**，pp.83-88，日本鋼構造協会（1989）

12）半谷裕彦，原田和明：変位モード指定の構造形態解析法，日本建築学会構造系論文報告集，453，pp.95-100（1993.11）

13）原田和明，半谷裕彦：ホモロガス変形を制約条件とする構造形態解析，日本建築学会大会学術講演梗概集，pp.455-456（1995.8）

14）金井頼利，半谷裕彦：形態制御トラス構造のアクチュエータ配置理論，日本建築学会構造系論文報告集，475，pp.111-117（1995.9）

15）金井頼利，半谷裕彦：形態制御トラスのアクチュエータ配置と制御理論，日本建築学会大会学術講演梗概集，pp.455-456（1996.9）

16）金井頼利，半谷裕彦：ホモロガス変形を満足する形態制御構造―アクチュエータによる制御―，日本建築学会大会学術講演梗概集，pp.429-430（1997.9）

17）金井頼利，半谷裕彦：動的構造システムの形態制御解析，日本建築学会大会学術講演梗概集，pp.1249-1250（1993.9）

18）金井頼利，半谷裕彦：変位制約を持つ構造物の動的制御，構造工学における数値解析シンポジウム論文集，日本鋼構造協会，**18**，pp.383-388（1994.7）

19）半谷裕彦，金井頼利：構造システムの形態制御その1 アクチュエータの配置理論，日本建築学会大会学術講演梗概集，pp.1207-1208（1994.9）

20）金井頼利，半谷裕彦：構造システムの形態制御その2 動的形態制御の基礎式と解法，日本建築学会大会学術講演梗概集，pp.1209-1210（1994.9）

21）金井頼利，半谷裕彦：構造システムの形態制御その3 動的制御トラスの基礎式と解法，日本建築学会大会学術講演梗概集，pp.463-464（1995.8）

22）半谷裕彦，小川知一：Bott・Duffin逆行列による接触振動解析法と積層平板構造への応用（その1）接触振動解析法，日本建築学会大会学術講演梗概集，pp.343-344（1997.9）

23）小川知一，半谷裕彦：Bott・Duffin逆行列による接触振動解析法と積層平板構造への応用（その2）積層平板構造の解析，日本建築学会大会学術講演梗概集，pp.345-346（1997.9）

24）佐藤　健，半谷裕彦，柴田明徳，源栄正人，渋谷純一：Bott-Duffin逆行列による建築物の地震応答制御，日本建築学会東北支部研究報告集，60，pp.437-440（1997.6）

25）佐藤　健，半谷裕彦，柴田明徳，源栄正人，渋谷純一：Bott-Duffin逆行列による複合型制振構造物の地震応答制御，日本建築学会大会学術講演梗概集，pp.

761-762 (1997.9)
26) 佐藤　健，柴田明徳，源栄正人，渋谷純一，半谷裕彦：BOTT-DUFFIN逆行列の地震応答制御への応用，日本建築学会技術報告集，5，pp.42-46 (1997.12)
27) 佐藤　健，柴田明徳，源栄正人，渋谷純一，半谷裕彦：BOTT-DUFFIN逆行列による建築物のアクティブ制震，第47回応用力学連合講演会予稿集，pp.309-310 (1998.1)
28) 佐藤　健，柴田明徳，源栄正人，渋谷純一，半谷裕彦：BOTT-DUFFIN逆行列の弾塑性地震応答制御への応用，構造工学論文集，**44B**，pp.255-262 (1998.4)
29) 佐藤　健，柴田明徳，源栄正人，渋谷純一，半谷裕彦：BOTT－DUFFIN逆行列のアクティブ制御解析への応用―固有モード形状を制約条件とした場合の制御特性―，計算工学講演会論文集，**3**，3，pp.723-726 (1998.5)
30) 佐藤　健，柴田明徳，源栄正人，渋谷純一，半谷裕彦：BOTT-DUFFIN逆行列による満足化アクティブ制御，日本建築学会東北支部研究報告集，61，pp.465-468 (1998.6)
31) 佐藤　健，柴田明徳，源栄正人，渋谷純一，半谷裕彦：BOTT-DUFFIN逆行列による制御解析の性能設計への応用，コンクリート工学年次論文報告集，**20**，pp.89-94 (1998.7)
32) 佐藤　健，柴田明徳，源栄正人，渋谷純一，半谷裕彦：BOTT-DUFFIN逆行列を用いたアクティブ制御特性―制御力の駆動時間遅れによる影響―，日本建築学会大会学術講演梗概集，pp.745-746 (1998.9)
33) 佐藤　健，柴田明徳，源栄正人，渋谷純一，半谷裕彦：BOTT-DUFFIN逆行列を用いた地震応答制御特性―入力地震動特性による影響―，第10回日本地震工学シンポジウム，pp.2869-2874 (1998.11)
34) 佐藤　健，柴田明徳，源栄正人，渋谷純一，半谷裕彦：BOTT-DUFFIN逆行列を用いた建築物の複数固有モード制約型地震応答制御解析，構造工学論文集，**45B**，pp.135-143 (1999.4)

6章～9章（耐震工学，振動制御問題への応用）

1) 佐藤　健：建築構造物の変位モード制約型地震応答制御解析，東北大学博士論文 (1999.3)

10章（動的接触問題への応用）

1) 白鳥正樹，阿野　繁，池松　健：影響関数法による接触問題の解析，構造工学

における数値解析法シンポジウム，pp.261-266（1991.7）

2）竹内則雄，川井忠彦：すべり・接触・引張破壊を考慮した離散化極限解析法について，構造工学における数値解析法シンポジウム（1988.7）

3）横内康人：摩擦を考慮した接触問題の弾塑性解析，構造工学における数値解析法シンポジウム，pp.7-12（1990.7）

4）半谷裕彦，後藤博司：浮き上がりを考慮するバネ・マス系の振動，日本鋼構造協会第15回大会研究集会マトリックス解析法研究発表論文集，pp.221-226（1981.7）

5）川島一彦：動的解析における衝突のモデル化に関する一考察，土木学会論文報告集，第308号，pp.123-126（1981.4）

6）長戸健一郎，川瀬　博，多賀直恒：過大地震入力に対する免震構造物の応答性状，第4回都市直下地震災害総合シンポジウム，pp.253-256（1999.10）

7）山本利弘，藤谷義信，藤井大地：摩擦・接触要素を含む構造物の非線形振動解析，日本建築学科構造系論文集，483，pp.71-79（1996.5）

8）小川知一：接触振動解析の基礎的研究と積層平板構造への応用，東京大学修士論文（1997.2）

9）佐藤　健，源栄正人：BOTT-DUFFIN 逆行列を用いた接触振動解析理論，日本建築学会東北支部研究報告集（構造系），63，pp.141-144（2000.6）

10）佐藤　健，源栄正人：BOTT-DUFFIN 逆行列の接触振動解析への応用，日本建築学会大会学術講演梗概集，pp.519-520（2000.9）

11章（静的接触問題への応用）

1）E. Hinton and J. Owen：finite element software for plate and shells, Pineridge Press (1984)

2）E. Hinton：numerical methods and software for dynamic analysis of plates and shells, Pineridge Press (1988)

3）C.A.P. Castigliano：théorie de l'equilibre des systèmes élastiques et ses applications, Turin, Augusto Federico Negro (1879). translated by Ewart S. Andrews：elastic stresses in structures, London, Scott, Greenwood and Son (1919). republished with an introduction by G. AE. Oravas：the theory of equilibrium of elastic systems and its application, New York, Diver (1966)

4）T. Aoki, A. Miyamura and S. Di Pasquale：failure analysis of masonry arches, proc. of the 4th international conference on computational structures technology, advances in civil and structural engineering computing for practice, Civil-Comp Press, pp.213-219 (1998.8)

5) G. Magenes：alcuni recenti sviluppi e applicazioni nella modellazione della risposta sismica di edifici in muratura, atti del 9°convegno nazionale ANIDIS on l'ingegneria Sismica in Italia (1999.9)

6) T. Aoki and T. Saito：application of Bott-Duffin inverse to static and dynamic analysis of masonry structures, proc. of 8th International conference on structural studies, repairs and maintenance of heritage architecture 2003, pp.277-286 (2003.5)

7) T. Aoki and D. Sabia：collapse analysis of masonry arch bridges, CD-ROM proc. of 9th international conference on civil and structural engineering computing, pp.1-14 (2003.9)

索　　　引

―著者略歴―

半谷　裕彦（はんがい　やすひこ）
1965年　東京大学工学部建築学科卒業
1967年　東京大学大学院工学研究科修士課程修了（建築学専攻）
1972年　工学博士（東京大学）
1985年　東京大学教授
1998年　逝去

青木　孝義（あおき　たかよし）
1982年　豊田工業高等専門学校建築学科卒業
1984年　豊橋技術科学大学建設工学課程卒業
1986年　豊橋技術科学大学大学院修士課程修了（建設工学専攻）
1988年　東京大学大学院工学研究科博士課程中途退学（建築学専攻）
1991年　工学博士（東京大学）
1998年　名古屋市立大学助教授
2002年　名古屋市立大学大学院助教授
現在に至る

佐藤　健（さとう　たけし）
1985年　宮城工業高等専門学校建築学科卒業
1987年　豊橋技術科学大学建設工学課程卒業
1989年　東北大学大学院工学研究科修士課程修了（建築学専攻）
1999年　博士（工学）（東北大学）
2001年　東北大学大学院講師
現在に至る

ボット・ダフィン逆行列とその応用
Bott-Duffin Inverse Matrix and Applications　

2003年10月27日　初版第1刷発行

検印省略

著　者　半谷裕彦
　　　　佐藤　健
　　　　青木孝義
発行者　株式会社　コロナ社
　　　　代表者　牛来辰巳
印刷所　壮光舎印刷株式会社

112-0011　東京都文京区千石 4-46-10
発行所　株式会社　**コロナ社**
CORONA PUBLISHING CO., LTD.
Tokyo　Japan
振替 00140-8-14844・電話(03)3941-3131(代)
ホームページ　http://www.coronasha.co.jp

ISBN 4-339-05705-3　（柏原）　（製本：グリーン）
Printed in Japan

システム制御工学シリーズ

（各巻A5判）

■編集委員長　池田雅夫
■編 集 委 員　足立修一・梶原宏之・杉江俊治・藤田政之

配本順	書名	著者	頁	本体価格
1.（2回）	システム制御へのアプローチ	大須賀公一・足立修一共著	190	2400円
2.（1回）	信号とダイナミカルシステム	足立修一著	216	2800円
3.（3回）	フィードバック制御入門	杉江俊治・藤田政之共著	236	3000円
4.（6回）	線形システム制御入門	梶原宏之著	200	2500円
5.（4回）	ディジタル制御入門	萩原朋道著	232	3000円
7.（7回）	システム制御のための数学（1）—線形代数編—	太田快人著	266	3200円
12.（8回）	システム制御のための安定論	井村順一著	250	3200円
13.（5回）	スペースクラフトの制御	木田隆著	192	2400円
14.（9回）	プロセス制御システム	大嶋正裕著	206	2600円

以下続刊

6.	システム制御工学演習	池田雅夫編 足立・梶原・杉江・藤田共著
9.	多変数システム制御	池田・藤崎共著
11.	$H\infty/\mu$制御系設計	原・藤田共著
	むだ時間・分布定数系の制御	阿部・児島共著
	状態推定の理論	内田・山中共著
	適応制御	宮里義彦著
	ロボット制御	横小路泰義著
8.	システム制御のための数学（2）—関数解析編—	太田快人著
10.	ロバスト制御系設計	杉江俊治著
	サンプル値制御	早川義一著
	信号処理	
	行列不等式アプローチによる制御系設計	小原敦美著
	非線形制御理論	三平満司著
	線形システム解析	汐月哲夫著

定価は本体価格+税です。
定価は変更されることがありますのでご了承下さい。

図書目録進呈◆